双碳类专业职业教育系列教材 / 总主编 许建领

碳达峰与碳中和概论

主 编◎王小享 李正国 副主编◎叶雨培 吴小灵 于湛

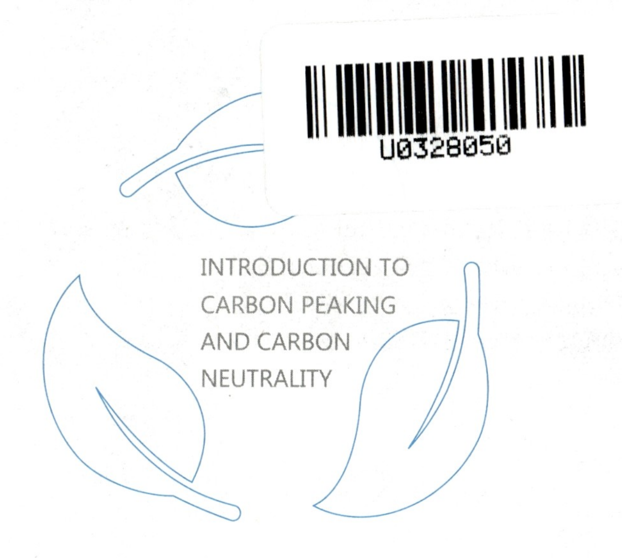

華中科技大學出版社
http://press.hust.edu.cn
中国·武汉

图书在版编目(CIP)数据

碳达峰与碳中和概论 / 王小享，李正国主编. -- 武汉 ：华中科技大学出版社，2024. 10. -- ISBN 978-7-5772-0569-4

Ⅰ. X511

中国国家版本馆 CIP 数据核字第 2024880HC9 号

碳达峰与碳中和概论

Tandafeng yu Tanzhonghe Gailun

王小享　李正国　主编

策划编辑：徐晓琦　汪　粲
责任编辑：徐晓琦　梁睿哲
封面设计：廖亚萍
责任校对：刘　竣
责任监印：周治超
出版发行：华中科技大学出版社(中国·武汉)　　电话：(027)81321913
　　　　　武汉市东湖新技术开发区华工科技园　邮编：430223
录　　排：华中科技大学惠友文印中心
印　　刷：武汉科源印刷设计有限公司
开　　本：710mm×1000mm　1/16
印　　张：9.25
字　　数：168 千字
版　　次：2024 年 10 月第 1 版第 1 次印刷
定　　价：39.80 元

双碳类专业职业教育系列教材
编委会

前言

2023年7月，联合国秘书长古特雷斯用“全球变暖的时代已经结束，全球沸腾的时代已然到来”形容如今的地球气候变化。当今，我们正面临着空前的全球气候危机。极端天气频发、海平面上升、生态系统面临崩溃，这一切都在提醒着我们，采取行动应对气候变化刻不容缓。根据国际能源署统计，2022年全球与能源相关的温室气体总排放量相较于前一年增长了1.0%，达到413亿吨二氧化碳当量，为历史最高水平。

2020年9月22日，习近平主席在第七十五届联合国大会一般性辩论上提出“二氧化碳排放力争于2030年前达到峰值，努力争取2060年前实现碳中和”的“双碳”目标。党的二十大报告用主题来阐述“推动绿色发展，促进人与自然和谐共生”，并用专门一节“积极稳妥推进碳达峰碳中和”来对“双碳”工作作出部署。推进碳达峰碳中和工作是党中央经过深思熟虑做出的重大战略决策，是我们对国际社会的庄严承诺，也是推动经济结构转型升级、形成绿色低碳产业竞争优势，实现高质量发展的内在要求，是“绿水青山就是金山银山”理念的生动实践。

本书围绕碳达峰、碳中和的不同方面，通过系统的章节安排，带领读者深入探讨当前全球关切的各类议题。

第1章对“双碳”目标与气候变化背景进行介绍。首先，我们介绍了“双碳”目标的概念与内涵。然后，为了帮助读者能够有更加深刻的理解，我们梳理了人类面对的气候变化挑战，通过对这一大背景的解析，使读者获得基本的气候变化及其负面影响等方面的知识基础，为后续章节的讨论奠定基础。读者通过本章的学习，也能了解到我国“双碳”目标的提出是一种出于历史责任感的伟大选择。在全球化的今天，各国之间需要携手努力，分享成功经验，共同应对气候变化所带来的挑战。

第2章关注全球范围内的气候治理机制与几个有历史意义的关键文件，以及这些机制和文件促成气候命运共同体形成的过程。我们详细审视了国际社会在协同解决气候变化问题上所取得的进展，针对各主要政治主体的气候责任和行动进行进一步介绍。

本书第3章着眼中国，详细介绍了我国应对气候变化所做的工作，特别是“双碳”目标提出后采取的具体行动。我们梳理了“双碳”目标实现过程中的挑战、机遇和途径，也突出了我国在全球气候治理中的积极作用。本章的另外一个核心内容是深入分析重点行业的碳排放与减排手段，包括能源、工业、交通、建筑等多个领域，系统地阐释了碳中和的实践路径。

为了实现“双碳”目标，政策和工具是至关重要的。第4章介绍了支撑“双碳”目标的各类政策措施和各种工具，探讨如何通过政府政策支持、技术创新和管理制度来实现降碳甚至是零碳。各条目的内涵、有效性、作用和现在尚存的问题都会在这一章中被讨论。特别值得注意的是，本章涵盖的学科跨度较大，学习时需要在其他材料中先了解一些基础知识。

最后一章聚焦绿色校园与青年使命，针对绿色低碳校园的软硬件建设、青年在应对气候变化过程中的使命、可以采取的行动等进行讲解。教育工作者和青年力量在塑造可持续未来和实现“双碳”目标的进程中绝不仅仅是理念宣传者，他们扮演着更多的关键角色，他们是促进者、是行动者，更是结果的享用者。碳减排不仅可以从每个人的生活中做起，碳中和也可以成为许多人的人生事业。

我们期待本书能为读者提供一个全面易懂的碳达峰与碳中和知识框架，使他们能够更好地理解并参与到全球碳减排的伟大事业中来。本书注重概念和原理的阐释，力求通俗易懂，对于书中涉及的许多政策、技术创新没有刻意地对细节进行深入解读，所以本书适合作为学习和理解碳达峰与碳中和基础的通识教材。如果读者想进一步学习碳达峰与碳中和相关主题的内容，可以参阅系列丛书的其他教材。最后，希望所有的读者以本书作为自己低碳之旅的起点，用自己的行动走好低碳之路。

他序
——青年与碳中和目标

2022 年全球温室气体排放量再创新高，达到 574 亿吨二氧化碳当量。而刚刚过去的 2023 年，作为有记录以来最热的一年，平均气温已经较工业化前(1850—1900 年)的基线高出约 1.4 ℃。在这个全球变暖、充满挑战的时代，全球气候变化已经成为摆在新时代青年面前的紧迫问题。

2020 年 9 月 22 日，习近平主席向全世界作出了“二氧化碳排放力争于 2030 年前达到峰值，努力争取 2060 年前实现碳中和”的承诺。这项庄严的承诺反映了我国积极参与应对气候变化的大国担当。在“双碳”领域深耕二十年，我深知要实现这个目标，我国所面临的挑战之艰巨。发达国家从碳达峰到碳中和的窗口期有六十到七十年，而我们只有短短的三十年。这三十年，正是各位学子从青年到中壮年的人生黄金时期，大家所拥有的关于可持续发展的创意想法都可以在这个阶段去尝试、去实现、去完善。所以，只有通过新时代青年们的共同努力，我们才能如期实现碳中和的目标。

想要助力碳中和，第一步自然离不开对气候变化的了解。2021 年以来，教育部先后发布了《高等学校碳中和科技创新行动计划》《加强碳达峰碳中和高等教育人才培养体系建设工作方案》《绿色低碳发展国民教育体系建设实施方案》，要求把绿色低碳发展纳入国民教育体系，提高高等学校碳中和科创能力，为碳达峰碳中和提供人才保障。在大学里的各位青年学子们，可以通过选修碳达峰与碳中和、环境科学与工程、可持续发展、新能源等相关课程，学习气候变化的科学原理，了解应对气候变化所需的各类技术与工具。随着“双碳”目标的提出，越来越丰富的低碳论坛、沙龙、讲座呈现在我们面前。青年学子们可以积极参与这些活动以了解专家学者在“双碳”领域的最新见解。2022 年与 2023 年的深圳国际低碳城论坛吸引了粤港澳大湾区的高校青年学子参与，这些“杰出碳路青年”们在论坛上学习最新的知识与理念，也进行“双碳”知识竞赛，以赛促学。学到知识后，他们可以再向家人朋友们普及“双碳”的知识，推动绿色理念在社会中广泛传播。

除了知识学习者的身份,青年也逐渐成长为国际气候谈判中不可忽视的一份子。青年的身影在《联合国气候变化框架公约》缔约方大会(COP)上出现得越来越频繁,COP 青年代表团的发声已被更多人听见。2023 年的 COP28 全额资助了 100 名青年气候代表参加在阿联酋举行的缔约方大会,为未来 COP 进程中的青年参与建立了典范。同样是在 2023 年,北京举行了第三届全球青年零碳未来峰会,引领国际青年关注应对气候变化与实现其他可持续发展目标之间的协同效应,聚焦于可持续时尚、健康、清洁能源和灾害四大主题。全球范围内,环境与气候变化相关的非政府组织都在不断加强对青年群体的关注,旨在提升青年应对气候变化的领导力,为未来培养应对气候变化的领军人物。

青年学子还应该是低碳生活的践行者。降低个人碳足迹是衡量绿色生活的黄金标准。培养适当且合理的绿色消费观念、选择公共交通或骑行的绿色出行方式、建立营养且低碳的饮食结构、养成循环使用与梯次利用的回收习惯,这些都是同学们可以做到的点点滴滴。

《碳达峰与碳中和概论》作为一本面向职业技术技能人才的通识教材,囊括了碳达峰与碳中和的方方面面,包括气候变化科学背景,国际气候谈判进程,各类低碳、零碳、负碳技术,碳交易市场,个人碳减排,等等。本书解释了如何在个人、企业和社会等不同层面,通过实用的低碳技术和经济工具实现碳减排的目标。本书还提供了实用的行动指南,助你在个人和职业生活中实现更低碳的生活方式。

每一位读者都是低碳行动中的关键角色,不论未来的你从事什么工作,一定都绕不开低碳与可持续发展的话题。了解“双碳”目标,也是为自己开辟更广阔的职业道路;助力碳中和,更是为地球的未来提供无限可能。愿《碳达峰与碳中和概论》成为你在碳中和领域探索的启蒙之友,为你的职业生涯和个人发展带来新的视野与机会。

2024 年 5 月 20 日

目录

第 1 章 “双碳”目标与气候变化背景

导读

工业革命以来，化石能源的使用改变了人们的生活方式，也导致了大量温室气体的排放，进而造成气候变暖。气候变暖带来的极端天气频发与自然生态系统退化等都对人类社会造成不利影响。如何应对气候变化及其风险成为当今世界共同面临的难题。控制温室气体的排放逐渐成为全球共识，各国也都积极地出台减排政策。中国作为最大的发展中国家，提出“3060”目标，逐渐成为全球应对气候变化的引领者。2020 年 9 月 22 日，国家主席习近平在第七十五届联合国大会一般性辩论上宣布，中国将提高国家自主贡献力度，采取更加有力的政策和措施，二氧化碳排放力争于 2030 年前达到峰值，努力争取 2060 年前实现碳中和。

1.1 碳达峰与碳中和的概念及意义

碳达峰是指在某一个时点，二氧化碳的排放达到峰值而不再增长，之后逐步回落。碳达峰目标包括达峰年份和峰值。需要注意的是，碳达峰是碳排放的曲线达到了一个峰值。碳排放达峰并不单指在某一年达到最大排放量，而是一个过程，即碳排放首先进入平台期并可能在一定范围内波动，然后进入平稳下降阶段。

碳中和是指国家、企业、产品、活动或个人在一定时间内直接或间接产生的包括二氧化碳在内的温室气体排放总量，与通过植树造林、温室气体封存等形式实现的温室气体吸收量，实现抵消，达到相对“零排放”。2015 年 12 月，巴黎气候大会达成的《巴黎协定》提出，在 21 世纪下半叶实现温室气体人为排放源与吸收汇之间的平衡，这是气候大会法律文件中首次出现类似碳中和的“温室气体平衡”的概念，标志全球目标在进一步强化温控目标的同时向碳中和目标转变。2018年10月联合国政府间气候变化专门委员会(IPCC)发布的特别报告《全球升温1.5 ℃特别报告》指出，要实现1.5 ℃温控目标，全球人为二氧化碳排放量必须在2050年左右达到净零；要实现2 ℃温控目标，则需要在2070年左右达到净零，同时还要深度减排非二氧化碳温室气体。

2021年7月24日，中国气候变化事务特使解振华表示，中国2030年前碳达峰指的是二氧化碳的达峰，2060年前实现碳中和包括全经济领域温室气体的排放，既包括二氧化碳，也包括甲烷、氧化亚氮等温室气体。这表明中国所说的“碳中和”与国际上“温室气体净零排放”含义相同。碳达峰是碳中和实现的前提，碳达峰的时间和峰值高低会直接影响碳中和目标实现的难易程度，通过实现碳中和来应对气候变化则是最终目的。

自2020年9月22日，习近平提出中国碳达峰碳中和目标以来，相关议题便受到全社会的高度关注。2021年10月24日，中共中央、国务院正式印发了《关于完整准确全面贯彻新发展理念做好碳达峰碳中和工作的意见》(简称《意见》)，作为碳达峰碳中和“1+N”政策体系中的“1”发挥统领作用。《意见》提出，到2060年，绿色低碳循环发展的经济体系和清洁低碳安全高效的能源体系全面建立，能源利用效率达到国际先进水平，非化石能源消费比重达到80%以上，碳中和目标顺利实现，生态文明建设取得丰硕成果，开创人与自然和谐共生新境界。2021年10月26日，国务院印发了《2030年前碳达峰行动方案》，对推进碳达峰工作作出总体部署。该方案聚焦“十四五”和“十五五”两个碳达峰关键期，提出了提高非化石能源消费比重、提升能源利用效率、降低二氧化碳排放水平等方面的主要目标。

1.2 气候变化及其原因

1.2.1 地球气候与影响因素

地球上的气候自始至终都在不停地变化，气温波动是气候变化的最基本特征。地球历史上的气候变化大致可以分为三个时期，即地质时期的气候变化、人类历史时期的气候变化、近现代的气候变化。

地球气候史的研究一般将气候较冷的时期称为冰河期(见图1-1)，此时全球平均气温比现在低7 ℃～9 ℃；较温暖的时期称为间冰期，此时期全球平均气温比现在高8 ℃～12 ℃。地球上的气候变化至少经过三次大冰河期和两次大间冰期。人类历史时期的气候变化指的是距今1万年以来的气候变化，此时期曾经有过四次温暖期和四次寒冷期。人类历史时期的平均气温波动幅度在

2 ℃～3 ℃，远低于地质史上的平均气温波动幅度。近现代的气候变化则是指人类文明开始以来的气候变化。

图1-1　寒冷的极地

地球气候除了正常的自然变化外，还会被人类活动所影响，实际气候演变过程是自然变化和人类活动影响共同作用的结果。自然变化既包括由太阳辐射、火山气溶胶（见图1-2）等外强迫因子引起的波动，也包括气候系统内部通过海洋、陆地、大气、海冰相互作用而产生的自然振荡，例如大洋热盐环流的自然振荡等。太阳辐射是影响地球气候变化最为重要的自然因素。太阳辐射强度改变，必定引起地球气候的变化。太阳辐射的下降期，对应地球气候的冰河期；而太阳辐射的增强期，则对应地球气候的温暖期。地球轨道参数变化是气候变化的另一个主要原因。地球轨道参数的改变，会改变地球与太阳之间的相对位置。在太阳辐射强度不变的条件下，地球上接收到的太阳辐射能量与地球运动的轨道参数密切相关，特别是地轴的倾斜度、地球轨道的偏心率和岁差三个参数。大气环流的改变也会对气候造成影响。大气环流指的是大气中的气团周而复始、往复循环流动的形式。气流上升冷却，会产生降雨，而气流下沉变热，气候会变得比较干燥。除此之外，大气物质成分的改变也会影响太阳辐射的吸收与反射，从而对气候造成重要影响。

人类活动的许多方面，例如人为温室气体和气溶胶排放等（见图1-3），都可以影响气候。人类活动对气候变化的影响，叠加在气候自然变化的背景上。IPCC在最新发布的第六次评估报告中，用“毋庸置疑”替代了可能性的标注，进一步确定了自工业化以来人类活动对气候系统的影响。

1.2.2　温室效应与温室气体

温室效应是指行星的大气层因为吸收辐射能量，使得行星表面升温的效应，以往认为其机制类似温室使其中气温上升的机制，故名温室效应（见图1-4）。太阳辐射主要是短波辐射，而地面辐射和大气辐射则是长波辐射。大气对长波辐射的吸收力较强，对短波辐射的吸收力较弱。白天，太阳光照射到地

图 1-2　正在喷发的火山

图 1-3　正在排放废气的工厂

球上，部分能量被大气吸收，部分被反射回宇宙，大约 47%的能量被地球表面吸收。晚上，地球表面以红外线的方式向宇宙散发白天吸收的热量，其中也有部分被大气吸收。大气层像覆盖玻璃的温室一样，保存了一定的热量，使得地球不至于像没有大气层的月球一样，被太阳照射时温度急剧升高，不受太阳照射时温度急剧下降。

实际上，如果没有大气层，地球表面平均温度会是－18 ℃。正是有了温室效应，使地球平均温度维持在 14 ℃～15 ℃。而当下过多的温室气体导致地球平均温度高于 15 ℃，并且还在持续上升。

能够吸收和释放红外波段辐射，引发温室效应的气体被称为温室气体，包括水汽（H_2O）、二氧化碳（CO_2）、甲烷（CH_4）和其他一些痕量气体。工业革命以来，人类通过燃烧化石能源向大气里人为地排放了大量温室气体，使得全球气温上升，被称为气候变化或者全球变暖。1997 年《京都议定书》规定的 6 种温室气体为二氧化碳（CO_2）、甲烷（CH_4）、氧化亚氮（N_2O）、氢氟碳化合物（HFCs）、全氟碳化合物（PFCs）、六氟化硫（SF_6）。水汽的时空分布变化大，人为影响相

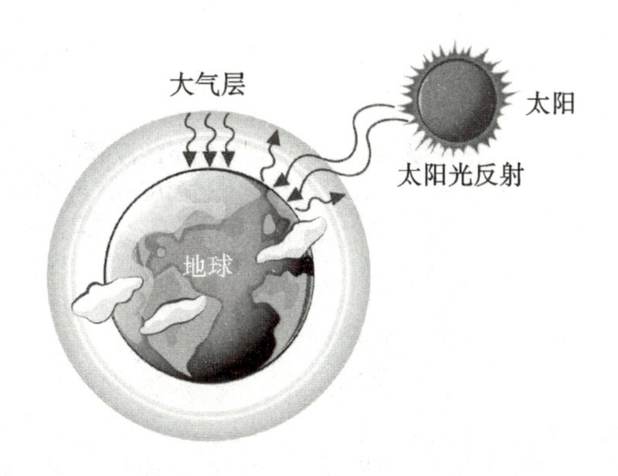

图 1-4　温室效应基本原理

（图片来源：www.freepik.com）

较整个体量也有限，没有进行减量措施规划。IPCC 在《2006 年 IPCC 国家温室气体清单指南》中，增加了三氟化氮（NF_3）、五氟化硫（S_2F_{10}）、三氟化碳（CF_3）、卤化醚（如 $C_4F_9OC_2H_5$、$CHF_2OCF_2OC_2F_4OCHF_2$）等。我国在《工业企业温室气体排放核算与报告通则》（GB/T 32150－2015）和《碳排放权交易管理办法（试行）》中列入的温室气体包括 CO_2、CH_4、N_2O、HFCs、PFCs、SF_6 和 NF_3。一般情况下，我国工业企业进行温室气体核算时，只需对这 7 类气体进行核算。

1.2.3　人类活动对全球变暖的影响

人类出现至今大约有 250 万年的历史，在历史的绝大部分时间内，人类仅仅是在适应气候环境的状态下生存。但是，随着文明的进步和科技的发展，人类对气候系统的影响力不断增强，逐渐成为气候系统复杂性的一个重要扰动因素。尤其是工业革命以来，化石燃料越来越成为人类生产、生活的必需品，释放的二氧化碳越来越多，导致近百年来全球快速变暖。许多学者将 18 世纪末以来的历史时期称为“人类世”，生动地体现了人类对地球系统的影响。

IPCC 在第六次评估报告中给出了最重要的结论：人类影响毋庸置疑地已经导致了大气、海洋和陆地变暖，大气、海洋、冰冻圈和生物圈广泛分布的迅速变化已经出现。报告指出，自工业化以来，人类活动导致全球平均气温增加约 1.1 ℃。从图 1-5 可以看出，1900 至 1960 年间，全球的平均温度缓慢上升，20 世纪 70 年代以来，温度则快速上升。如果气候模式仅包含自然因素的影响，全球平均气温并没有呈现上升趋势。如果气候模式包含了人为温室气体和气溶胶排放，则全球平均气温的变化趋势与观测的结果非常一致（见图 1-5）。2020 年，陆地表面和海洋表面平均气温分别上升 1.59 ℃和 0.88 ℃。

从未来 20 年的平均温度来看，全球升温预计将达到或超过 1.5 ℃。全球

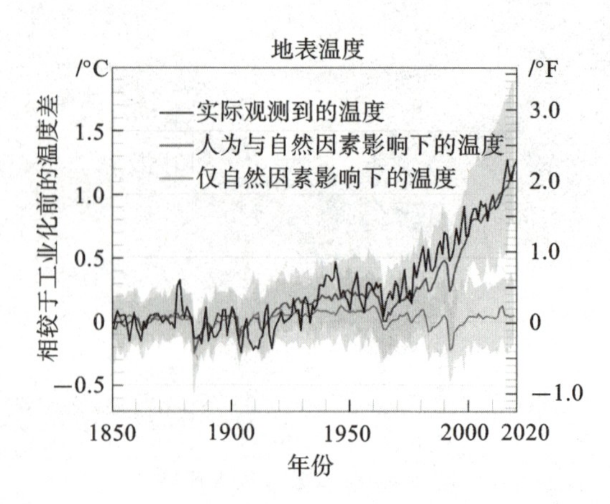

图 1-5　全球平均气温变化图

（图片来源：Masson-Delmotte V，Zhai P，Pirani A，et al. Climate Change 2021：The Physical Science Basis. Contribution of Working Group Ⅰ to The Sixth Assessment Report of the Intergovernmental Panel on Climate Change，2021.）

气温每上升 0.1 ℃，各物种和全球生态系统面临的气候威胁就将相应扩大。一旦全球升温幅度突破 1.5 ℃，即使只是暂时性突破，世界也将面临更严重且不可逆的冲击。

需要强调的是，人类活动导致全球变暖这一论断是建立在坚实的科学基础之上的。2021 年诺贝尔物理学奖颁给了 3 位科学家，其中气候学家真锅淑郎(Syukuro Manabe)获奖是因为建立了能够量化气候变率和可靠预测全球变暖的气候模式，另一位气候学家哈塞尔曼(Klaus Hasselmann)获奖是因为提出了检测人类活动对全球变暖贡献的最优指纹法。

1.3　气候变化的影响

1.3.1　极端天气

随着气候风险不断加剧，气候极端事件发生得越来越频繁，影响区域也更加广泛，全球高温天气频发就是其中一个重要现象。2021 年夏天，不断飙升的气温席卷了太平洋西北地区，使得美国、欧洲经历了有史以来最为炎热的夏季。仅在 6 月份，北美地区就有数百人因为高温及其产生的连锁反应而丧生。同时，极端的高温对地中海周边地区也产生了极大的影响，意大利的西西里岛出现创纪录的 48.8 ℃高温天气；紧邻北极圈的俄罗斯圣彼得堡也出现了罕见的

40.1 ℃的高温天气，莫斯科在6—7月份的连续高温天数已经追平了120年前的最长纪录。如果以全球平均气温计，2023年7月则被确认为有记录以来最热的月份，全球月平均气温达16.95 ℃，比此前最高纪录2019年7月的平均气温高0.3 ℃。

洪水肆虐则是极端天气的第二个特征。2021年夏天，在高温的加持下，毁灭性的洪水横扫了欧洲的大部分地区，莱茵河流域的多个国家遇到了创纪录的强降雨。就在德国洪水暴发的几天后，我国河南省也遭遇了百年未见的特大暴雨袭击，1小时内的降雨量超过了德国水灾最严重地区3天的降雨量。

除了肆虐的洪水，飓风、干旱和极端的低温寒潮也愈加频繁。2021年的飓风艾达于8月29日在路易斯安那州登陆，造成美国的经济损失700亿～900亿美元。2022年夏天，西班牙经历了“历史性的干旱”，全境75%的地区到了“易受荒漠化影响”的状态。2021年12月26日，一股寒流席卷了加拿大西北部地区，最冷地方的气温达到了创纪录的−51 ℃。2022年12月底，美国遭遇极寒冰冻天气，媒体称其为“史诗级”寒潮。无独有偶，日本多地出现历史性强降雪，俄罗斯莫斯科遭遇80多年来的最强降雪。

1.3.2 对自然生态系统的影响

气候变化会给生态系统带来巨大影响(见图1-6)。一项对976种植物和动物的研究发现，47%的动植物灭绝原因与气候变化相关。IPCC第六次评估报告指出，气候变化在澳大利亚野生白环尾负鼠的灭绝中发挥了作用。气候变化还可能是导致哥斯达黎加金蟾蜍灭绝的元凶。除此之外，气候变化也增加了野生动物传染病的传播，气温上升和更残酷的极端天气事件为新疾病的传播铺下了温床。

图1-6 气候变化给自然生态系统带来影响

在气候变化背景下，海洋生态系统遭到破坏，面临高速退化。2021 年海洋上层 2000 m 深度范围持续升温，预计未来还将持续，而这一变化在百年到千年的时间尺度上是不可逆的。气温上升增加了海洋和沿海生态系统的风险，在 2021 年 6 月太平洋西北地区的高温期间，有近 10 亿只贝类和其他的海洋生物在海滩上被活活烤熟。海洋拥有超过 100 万个不同的物种，持续的温度升高使得很多海洋生物开始大规模地向气温较低的海域迁徙，这种逆生态系统的迁徙方式，将会对现有的海洋生态造成致命影响。与此同时，温室气体的排放也加速了海洋酸化的进程，威胁着生物和生态系统服务，进而威胁到粮食安全、旅游业等。

高山和极地地区的陆生和淡水物种与生态系统也受到气候变化影响。由于冰川消退和无雪季延长，低海拔物种向高海拔地区迁移，生存范围改变。一些适应寒冷或依赖冰雪的物种数量已经减少，灭绝风险增加。在极地和高山地区，许多物种在晚冬和早春的季节性活动发生了改变。在北极地区，由于一些北极高纬度物种的避难所有限，生存空间受到温带物种的过度竞争(见图 1-7)。

图 1-7　北极熊和因高温导致的冰川碎片

1.3.3　对人类社会的影响

全球半数以上人口的健康、生活和生计，以及交通和水电等基本服务，都日益受到气候变化的影响。影响在城市中被放大。

气候变化通过温度、湿度、气压、日照时长等因素的变化影响自然系统中传染病的病原体、宿主和疾病传播媒介，以及人体的呼吸系统、免疫系统、循环系统和消化系统等，从而对人体造成间接性健康损害。受全球变暖影响，我国血吸虫病流行区明显北移，潜在流行区面积将达全国总面积的 8%。同时，高温热浪、寒潮、暴雨洪涝和干旱等极端气候和天气事件直接对人体造成危险性暴露伤害。如高温热浪可直接导致人体热痉挛、热衰竭和热射病发生甚至死亡。

气候变化亦使人类生计受到不利影响，农业、林业、渔业、能源和旅游业等行业的损失阻碍了经济增长。农作物产量下降、健康和粮食受到影响、住房和基础设施损失以及收入损失，都影响到人们的生计，助长了亚洲、非洲和中美洲的人道主义危机。

气候变化是全球性问题，其对不同群体的影响也是不同的。1990—2018年间，全球最富有的人口贡献了全球50%的碳排放量；全球收入前1%的人口贡献了全球15%的碳排放量，是世界上最贫困人口碳排放量的2倍。极端天气引发的气候灾难对边缘群体的影响更大，如居住在非正式定居点的人群受气候变化的影响更大。因为资源和技术的匮乏，一些国家很难为经济社会的可持续发展方案提供足够的资金支持，很多人被迫沦为气候难民。联合国难民署公布的数据显示，平均每年有2100万人因为天气原因被迫迁徙。

1.3.4 未来气候变化风险与应对

IPCC第六次评估报告对未来全球气候变化的预估结果进行了解读。报告对21世纪全球平均气温、全球陆地降水、大尺度环流和变率模态、冰冻圈和海洋圈的可能变化进行了系统评估，并对2100年以后的气候变化做了合理估计。评估指出，全球平均表面升温将在未来20年内达到或超过1.5 ℃。21世纪全球陆地的年平均降水也将增加，但随季节和区域而异，对于长期气候而言，全球季风降水变化将呈现南北不对称与东西不对称，同时变率将增大。大尺度环流和变率模态受内部变率影响较大。到21世纪末，北冰洋可能出现无冰期；全球海洋会继续酸化，平均海平面将持续上升，百年内上升幅度依赖不同排放情景，都将在2100年后继续升高。

IPCC第六次评估报告指出，对于近期而言，气候变化带来的风险主要取决于暴露度和脆弱性的变化；对于未来中期至远期而言，气候变化风险将随着全球升温加剧而增加。未来，气候变化风险呈现复杂化趋势，多种灾害复合并发且影响多个系统，同时风险还会在不同行业、不同领域、不同区域之间进行传导。例如，热浪与干旱的复合并发同时对农作物生产、农民身体健康和劳动力等造成影响，从而导致粮食产量下降，进而影响农民家庭收入，并导致食品价格上升——风险便从粮食安全领域传导至经济社会领域。实际上不只是粮食安全，报告所总结的8类代表性关键风险（包括低海拔沿岸、陆地和海洋生态系统、关键基础设施、生活标准、粮食安全、水安全以及和平和迁移性风险）之间都存在着非常复杂的相互作用，让管理这些风险愈发困难。

积极应对气候变化事关人类福祉，全球共同应对气候变化已经刻不容缓。在《巴黎协定》的背景下，国际社会在应对气候变化新形势下达成新的共识：进一步加强国际合作和气候行动，共同应对气候变化；推动去化石能源路线，促进能源清洁转型；减少非二氧化碳温室气体排放，提升全球减排成效；加快推动全球适应工作，促进国际气候行动公平正义；完善全球碳市场细则，推动全球碳交易。

2021年11月1日，国家主席习近平向《联合国气候变化框架公约》(UNFCCC)第二十六次缔约方大会世界领导人峰会发表书面致辞，针对如何应对气候变化提出了三点建议。第一，维护多边共识，各方应该在已有共识基础上，增强互信，加强合作；第二，聚焦务实行动，各方应重信守诺，制定切实可行的目标和愿景，并根据国情尽己所能，推动应对气候变化举措落地实施；第三，加速绿色转型，要以科技创新为驱动，推进能源资源、产业结构、消费结构转型升级，推动经济社会绿色发展，探索发展和保护相协同的新路径。

归根到底，在气候变化面前，人类向可持续性的发展路径转型才是根本的解决之道。这需要在各层面的决策中关注公平，促进所有利益相关者的广泛参与，建立互信并深化和拓展各方对转型的支持。面对气候挑战，人类已别无选择，必须携起手来，立即行动。

碳达峰碳中和的积极意义

全球温室气体浓度正在逐渐上升，即使各国不再加速发展而只是维持目前的发展方式与发展速度，都已经解决不了气候变暖问题。气候变暖导致极端天气频发，使得各种资源被破坏，给各国人民的生命财产安全带来了重大损失。碳排放造成的危害已经真正威胁到人类生命的健康，实现碳达峰碳中和具有必要性。

对我国而言，实现碳达峰碳中和是推动高质量发展的内在要求。我国经济社会发展取得了举世瞩目的伟大成就，人民群众的获得感、幸福感、安全感显著提升。与此同时，我国已进入高质量发展阶段，调结构、转方式任务艰巨繁重，传统行业占比依然较高，战略性新兴产业、高技术产业尚未成为经济增长的主导力量，产业链、供应链还处于向中高端迈进的重要关口。做好“双碳”工作，加强我国绿色低碳科技创新，持续壮大绿色低碳产业，将加快形成绿色经济新动能和可持续增长极，显著提升经济社会发展质量和效益，为我国全面建设社会主义现代化强国提供强大动力。

（一）碳达峰碳中和对社会经济系统的积极意义

过去较长一个时期，粗放型经济增长方式造成我国资源、能源消耗过快，一些地方的生态环境遭到破坏。事实证明，高耗能、高污染、高排放的增长不可持续，必须加快转型升级，通过知识、技术、治理等方式来提高增长效率，全面向绿色低碳、高质量发展转型。可以说，向“双碳”目标迈进，是我们主动作出的战略决策，有助于推动发展方式转变，加快构建绿色低碳循环发展的经济体系。

党的十八大以来，全国上下贯彻新发展理念，坚定不移走生态优先、绿色低碳发展道路，着力推动经济社会发展全面绿色转型，取得了显著成效。追求“双碳”目标，实现经济社会高质量发展与生态环境高水平保护相协同，与我国“从2020年到2035年基本实现社会主义现代化”和“从2035年到本世纪中叶把我国建成富强民主文明和谐美丽的社会主义现代化强国”的战略目标相适应，体现了我国走生态优先、绿色低碳高质量发展道路的必然要求。

（二）碳达峰碳中和对能源安全的积极意义

能源安全是关系国家经济社会发展的全局性、战略性问题，对国家繁荣发展、人民生活改善、社会长治久安至关重要。要通过能源转型保障能源安全，那必须走向以新能源为主体的时代，实现零碳和碳中和。

我国能源安全的最大问题是对能源进口的依赖度过高。2020年，我国石油的进口占比已经达到了73%，天然气的进口占比超过了40%。导致这一现象的一个重要原因就是我国能源利用效率低下。从能源利用效率来看，有一个非常重要的指标是单位GDP能耗。改革开放40多年来，中国的经济社会、科学技术发展非常快，但是目前我国单位GDP能耗比世界平均水平还要高出50%，几乎是发达国家如英国、日本的3倍。我国燃煤发电的能耗已经处于国际前列甚至是领先水平，燃煤发电机组的发电效率接近于世界平均水平。单位GDP能耗高的主要原因是我国还是以大规模能源资源的消耗和投入来换取经济的快速增长，属于传统的发展模式。

未来，新能源要从补充能源走向新主体能源，化石能源要从主体能源走向保障性能源，电力要逐渐走向零碳化，同时要提高我国能源利用效率。这些问题将沿着“双碳”目标这一主线来逐步解决，把能源的饭碗端在自己的手上。

（三）碳达峰碳中和对生态文明建设与可持续发展的积极意义

做好碳达峰碳中和工作是加强生态文明建设的战略举措，也是人类可持续发展的客观需要。党的十八大以来，我国生态文明制度体系不断健全，生态环境质量不断提高，但也要看到，我国生态文明建设仍然面临诸多矛盾和挑战。推进“双碳”工作是破解资源环境约束突出问题的迫切需要，是顺应技术进步趋势、推动经济结构转型升级的迫切需要，是满足人民群众日益增长的优美生态环境需求、促进人与自然和谐共生的迫切需要，是主动担当大国责任、推动构建人类命运共同体的迫切需要。

推动可持续发展已经成为当今国际社会的普遍共识，我们需要以更加具体的“双碳”目标统筹生态文明建设与可持续发展进程。碳达峰碳中和目标的推进实施，对我国的能源结构、行业发展、产品消费、进出口贸易乃至生活方式等各方面，都将是一场广泛而深刻的变革，可以带来环境质量改善和产业发展的多重效应。实现“双碳”目标，有利于促进经济结构、能源结构、产业结构转型升级，有利于推进生态文明建设和生态环境保护、持续改善生态环境质量。争取科学地实现“双碳”目标，引领带动经济社会低碳、可持续与高质量发展。

温室气体与二氧化碳当量

不同温室气体对地球温室效应的贡献程度不同。为统一度量整体温室效应的结果，需要一种能够比较不同温室气体排放的度量单位。由于温室气体中二氧化碳对温室效应的贡献最大，也是被研究最多的温室气体，因此二氧化碳被作为参照气体。根据单位气体的温室效应强度，其他气体的排放量用二氧化碳当量(CO_2e)来表示。一种气体的二氧化碳当量为这种气体的吨数乘以其温室效应指数。气体的温室效应指数又称为全球变暖潜能值(GWP)，该指数取决于气体的辐射属性和相对分子质量，以及气体浓度随时间的变化状况。一种气体的全球变暖潜能值表示在一段时间内(通常为 20 年、100 年、500 年)，各种温室气体的温室效应对应于相同效应的二氧化碳的质量，为正值表示该气体使地球表面变暖(见表 1-1)。

表 1-1　温室气体的全球变暖潜能值及生命期

气体名称	化学式	大气生命期/年	辐射效率/($Wm^{-2}\times10^9$)	全球变暖潜能值		
				20 年	100 年	500 年
二氧化碳	CO_2	—	1.37×10^{-5}	1	1	1
甲烷	CH_4	12	5.7×10^{-4}	83	30	10
氧化二氮	N_2O	109	3×10^{-3}	273	273	130
CFC-11	CCl_3F	52	0.29	8321	6226	2093
CFC-12	CCl_2F_2	100	0.32	10800	10200	5200
HCFC-22	$CHClF_2$	12	0.21	5280	1760	549
HFC-32	CH_2F_2	5	0.11	2693	771	220
HFC-134a	CH_2FCF_3	14	0.17	4144	1526	436
四氟化碳	CF_4	50000	0.09	5301	7380	10587
六氟乙烷	C_2F_6	10000	0.25	8210	11100	18200
六氟化硫	SF_6	3200	0.57	17500	23500	32600
三氟化氮	NF_3	500	0.20	12800	16100	20700

据国际能源机构IEA统计，2021年，与能源相关的二氧化碳排放量增至363亿吨，创下历史新高。若使用100年全球变暖潜能值，2021年温室气体总排放量达到了408亿吨二氧化碳当量，超过了2019年的历史最高水平。

案例与讨论

案例1:高温与空调

欧洲仅有5%的家庭拥有空调，与此形成对比的是相对落后的印度有6%～7%的家庭安装了空调。伦敦交通局的一项数据显示，伦敦地铁只有40%的线路装有空调，欧洲像这样没有空调的公共场所还有很多。欧洲空调的普及率为什么这么低？最重要的原因是欧洲大陆的气候普遍温和，盛夏时间短且气温不高。欧洲夏季平均气温只有20 ℃～30 ℃，超过30 ℃的气温都较为罕见。其次是由于空调是一种高能耗的电器，欧洲人普遍认为空调会带来大量碳排放，对环境不友好。而且，许多欧洲城市对空调安装有严格的要求和烦琐的申请手续。除此之外，欧洲的空调安装成本较高也是导致空调普及率不高的原因之一。在欧洲，一台普通的家用空调安装费很高，安装一台空调，往往要支付空调本身价格的两到三倍的费用。

随着极端高温天气频发，欧洲人对空调的需求显著提高。国际能源组织的一项数据预计，欧洲的空调数量将在20年内翻倍，到了2050年，欧洲的空调数量有望达到2.75亿台。极端的高温天气，让原本“没必要”的空调，变得越来越“有必要”。

还有哪些气候变化给人们原有的生活方式带来了冲击？谈谈你的看法。

案例2:南极冰川融化

南极洲总面积大约1400万平方千米，约占世界陆地面积的9.4%。其平均海拔2350米，是世界上最高的大陆。去掉上面覆盖的冰川，南极的海拔不到410米。冰川是指极地或高山地区地表上多年存在并沿地面运动的天然冰体。冰川多年积雪，经过压实、重新结晶、再冻结等成冰作用而形成，具有一定的形态和层次，是地表重要的淡水资源。由于全球气候逐渐变暖，世界各地冰川的面积和体积都有明显减少，有些甚至消失。

2012—2017年，南极洲冰层每年消融量高达2190亿吨，冰川消融速率是2012年之前的3倍，而在1992—1997年，每年消融量仅约490亿吨。1992—2017年间冰川消融导致全球海平面抬升了约7.6毫米，其中40%的增长发生在过去的5年间。在2022年3月中旬，南极大陆出现了极端罕见的超级高温，南极康科迪亚站气温一度突破−11.5 ℃，甚至比我国东北的冬天还要暖和些，而同时期历史平均气温在−50 ℃左右。在海拔更高的南极东方号站达到了−17.7 ℃，比同期高出15 ℃左右。此次南极的极端高温被许多科学家称作“不可思议、无法想象”，其范围之大、升幅之高，打破了人类有观测纪录以来的最高纪录。在高温发生的同一时期，东南极洲首次出现冰架崩塌，约1200平方千米的康格冰架已经崩解，面积与美国城市洛杉矶相仿，南极海冰消融达创纪录水平。

南极冰川大面积融化会导致海平面上升，将淹没沿岸大片地区。南极冰川西南极冰盖的两个主要冰川已经开始以之前5500年未见的速度融化，这两个冰川的面积分别为19.2万平方千米和16.23万平方千米。这些深入冰原核心的巨大冰川如果继续以目前的速度消融，可能会在未来几个世纪里使全球海平面上升多达3.4米。冰川，特别是极地大范围冰盖能大量反射太阳光，从而有助于地球保持温度，使温度不至于快速升高。当冰川融化后，暴露的陆地和水面会吸收太阳热量，加速地面增温过程，加剧气候变暖。同时，冰川消融还会使一些动植物的生活环境遭到破坏。以帝企鹅为例，首先，帝企鹅的繁殖需要在冰上进行，冰川融化将直接影响帝企鹅的繁殖；其次，当帝企鹅处于更换羽毛的阶段，其羽毛不能被沾湿，它们的迁徙也需要在冰上进行；另外，海冰与磷虾的生存有关，磷虾是帝企鹅的主要食物来源，在海冰正常形成的年份，磷虾种群发育正常，而海冰覆盖面积缩小或出现其他异常时，磷虾也会受到影响，导致包括帝企鹅在内的所有食用磷虾的南极生物受到影响。

你观察到的由全球变暖带来的变化还有什么？它们带来了什么样的危害？

习题

一、单选题

1. 2020年9月22日，国家主席习近平在第七十五届联合国大会一般性辩论上提出，中国将二氧化碳排放力争于________达到峰值，努力争取________实现碳中和。

A. 2030年前，2060年前　　B. 2030年前，2050年前

C. 2025年前，2060年前　　D. 2025年前，2050年前

2. 以下关于碳达峰的表述不正确的是________。

A. 碳达峰是指在某一个时点，所有温室气体的排放不再增长达到峰值，之后逐步回落

B. 碳达峰是指在某一个时点，二氧化碳的排放不再增长达到峰值，之后逐

步回落

C. 碳达峰标志着碳排放与经济发展实现脱钩

D. 碳达峰即碳排放首先进入平台期并可能在一定范围内波动，然后进入平稳下降阶段

3. 以下关于碳中和的表述不正确的是________。

A. 碳中和是指在一定时间内产生的温室气体排放总量，通过植树造林、节能减排等形式，以抵消产生的温室气体排放量

B. 中国所说的"碳中和"与国际上"温室气体净零排放"含义相同

C. 碳中和包括全经济领域二氧化碳的排放，但不包括甲烷、氧化亚氮等少量温室气体的排放

D. 碳达峰是碳中和实现的前提，碳达峰的时间和峰值高低会直接影响碳中和目标实现的难易程度，通过实现碳中和来应对气候变化则是最终的目的

4. ________在碳达峰碳中和的"1+N"政策体系中发挥了统领作用。

A.《科技支撑碳达峰碳中和实施方案》

B.《中共中央 国务院关于完整准确全面贯彻新发展理念做好碳达峰碳中和工作的意见》

C.《2030年前碳达峰行动方案》

D.《"十四五"现代能源体系规划》

5. 我国提出到2060年，非化石能源消费比重应达________以上。

A. 90%　　B. 85%　　C. 80%　　D. 75%

6. IPCC第六次评估报告用以下哪个词语来形容工业化以来人类活动对气候系统的影响？

A. 不大可能　　B. 有一定可能　　C. 非常可能　　D. 毋庸置疑

7. 以下关于地球气候影响因素的说法不正确的是________。

A. 地球上的气候自始至终都在不停地变化，气温波动是气候变化的最基本特征

B. 太阳辐射不是影响地球气候变化最主要的自然因素

C. 自然变化既包括由太阳辐射、火山气溶胶等外强迫因子引起的波动，也包括气候系统内部通过海洋、陆地、大气、海冰相互作用而产生的自然振荡

D. 人类活动对气候变化的影响会叠加在气候自然变化的背景上

8. 以下关于辐射与波长的说法正确的是________。

A. 太阳辐射主要是短波辐射，而地面辐射和大气辐射则是长波辐射

B. 太阳辐射主要是长波辐射，而地面辐射和大气辐射则是短波辐射

C. 太阳辐射、地面辐射、大气辐射都是短波辐射

D. 太阳辐射、地面辐射、大气辐射都是长波辐射

9. 大气层的温室效应使地球平均温度维持在__________℃。

A. 10　　B. 15　　C. 20　　D. 25

10. 以下关于温室气体的解释不正确的是__________。

A. 能够吸收和释放红外波段辐射，引发温室效应的气体被称为温室气体

B. 温室气体包括水汽（H_2O）、二氧化碳（CO_2）、甲烷（CH_4）和其他一些痕量气体

C. 1997 年《京都议定书》规定的 6 种温室气体为二氧化碳（CO_2）、甲烷（CH_4）、氧化亚氮（N_2O）、氢氟碳化合物（HFCs）、全氟碳化合物（PFCs）、臭氧（O_3）

D. 我国工业企业进行温室气体核算时，只对 7 类气体进行核算

11. 根据图 1-5 得出的结论中不正确的是__________。

A. 如果气候模式仅包含自然因素的影响，全球平均气温并没有呈现上升趋势

B. 自工业化以来，全球平均气温涨幅已经超过 2 ℃

C. 如果气候模式包含了人为温室气体和气溶胶排放，则全球平均气温的变化趋势与观测的结果非常一致

D. 自 20 世纪起，人为因素对全球平均气温的影响越来越明显

12. 以下关于极端天气的说法不正确的是__________。

A. 在未来，气候变化会导致极端天气越来越严重，并且越来越频繁

B. 全球变暖会导致高温天气的出现越来越频繁，但影响区域不会更加广泛

C. 极端天气的频繁出现会导致越来越多的人在其产生的连锁反应中丧生

D. 极端天气事件对人类经济社会的影响因为新冠疫情而进一步加剧

13. 海洋吸收了人类每年排放到大气中__________的二氧化碳。

A. 3%～5%　　B. 10%～20%　　C. 23%～31%　　D. 50%～60%

14. 以下关于气候变化对人类社会的影响说法不正确的是__________。

A. 气候变化是全球性问题，其对不同群体的影响是相同的

B. 气候变化将影响农业、林业、渔业、能源和旅游业等，阻碍经济增长

C. 由于受全球变暖影响，我国血吸虫病流行区明显北移，潜在流行区面积将达全国总面积的 8%

D. 气候变化会影响传染病的病原体、宿主和疾病传播媒介，从而对人体造成间接性健康损害

15. 以下关于 IPCC 第六次风险评估报告的内容说法不正确的是__________。

A. 到 21 世纪末,北冰洋可能出现无冰期

B. 全球平均表面升温将在未来 20 年内达到或超过 1.5 ℃

C. 受到高温与干旱的影响,21 世纪全球陆地的年平均降水将减少

D. 到 21 世纪末,全球海洋会继续酸化,平均海平面将持续上升

二、简答题

1. 我国工业企业进行温室气体核算时,需要对哪几类气体进行核算?

2. 如果地球像没有大气层的月球一样,地球表面将处于什么样的状态?

3. 请举出两个人类受到极端天气影响的例子。

4. 气候难民是如何形成的?

5. 2021 年 11 月 1 日,国家主席习近平向《联合国气候变化框架公约》第二十六次缔约方大会世界领导人峰会发表书面致辞。致辞针对如何应对气候变化提出哪三点建议?

第 1 章习题答案

第2章 全球气候治理与气候命运共同体的形成

导读

欧盟长期积极减排、美国每届政府气候政策大相径庭、日本从应对气候变化的旗手变成反对者、印度对发达国家约束性排放嗤之以鼻……全球各国在面对气候问题上的态度不尽相同,但是作为气候命运共同体,全球各国殊途同归。

1979年召开的第一次世界气候大会,是气候变化首次作为国际议题被提上议程的世界大会,而IPCC的定期评估报告又为全人类提供了源源不断的气候科学智力支持。过去30年间,世界各国陆续签订了《联合国气候变化框架公约》《京都议定书》《巴黎协定》三个里程碑式的国际法律文本,表明应对气候变化的国际合作符合全人类的共同利益。

2.1 国际气候治理

2.1.1 国际社会早期行动

早在19世纪,人们就已经开始研究空气中二氧化碳浓度变化对气候的影响。1896年,瑞典科学家、诺贝尔奖获得者阿伦尼乌斯(Svante Arrhenius)指出,工业化过程将导致大气中二氧化碳浓度增加,并加强温室效应。1957—1958年,地球物理学家们发现,自19世纪90年代中期人类测量大气二氧化碳含量以来,含量已经有所上升。1979年2月,世界气象组织(WMO)在瑞士日内瓦召开了第一次世界气候大会,重点讨论了大气中温室气体浓度上升将导致地球升温的问题。在会议上,科学家们警告:如果大气中二氧化碳的含量持续上升,到21世纪中叶,全球气温将显著上升。这是气候变化首次作为国际议题被提上议程。中国科学家代表团也参加了此次会议,由谢义炳率队,代表有曾庆存、张丕远和王绍武。

1985 年，在奥地利维拉赫举办的气候问题专门会议上，科学家们提出各国政府应评估气候变化潜在的影响，呼吁对气候变化采取政治行动。1986 年，国际科学理事会、联合国环境署（UNEP）和世界气象组织联合成立了温室气体咨询委员会，向国际社会提供涉及温室气体和气候变化的知识。1988 年，在加拿大多伦多召开的国际气候会议期间，科学家们再次呼吁全球应尽快对气候变化状况进行评估，并立即采取保护大气的行动。

2.1.2 IPCC 与评估报告

1. IPCC 的诞生与作用

1988 年，UNEP 与 WMO 合作建立了一个国际科学机构——政府间气候变化专门委员会（Intergovernmental Panel on Climate Change，IPCC）。IPCC 下设有三个工作组，分别对气候系统与气候变化的科学问题、气候变化的影响与适应气候变化的方法，以及减缓气候变化的可能性三方面进行评估。其主要任务是全面、系统性评估气候变化的成因、潜在影响及人类可采取的应对策略。同时，IPCC 还设有国家温室气体清单专题组，为各国编制国家温室气体清单提供指南。作为联合国的附属组织，IPCC 向联合国及世界气象组织的全体成员开放。IPCC 并不针对气候变化进行具体研究工作，也不对气候现象及气候变化进行监测，而是对全球每年出版的有关气候变化的研究论文进行审查，全面、客观、公开、透明地总结这些知识并不定期发布评估报告。

1990 年以来，IPCC 已经陆续发布了 6 次常规的评估报告和 6 份特别报告。每一份常规报告都需要经历 5 年以上的起草、编纂与审议周期，来自全球各地的数以千计的顶级科学家及其他领域的专家共同志愿编撰评估报告。经过科学家与各国政府审议后，评估报告将公开发布。其间，IPCC 也会不定期发布特别报告，这些报告往往会针对某一个与气候变化相关的话题进行深入的探讨。目前，IPCC 发布的报告已经成为国际社会认识、了解气候变化问题的主要科学依据，也是目前国际上碳减排量计算的基础。

2. 第一次至第五次评估报告

于 1990 年完成的 IPCC 第一次评估报告确认了气候变化的科学依据。该报告指出，过去一个世纪内，全球平均地表温度上升了 0.3 ℃～0.6 ℃，海平面及大气中温室气体浓度也均有不同程度的上升。如果不对温室气体的排放加以控制，到 21 世纪末，全球平均温度将较工业化前水平高出 4 ℃。根据上述气候变化情景，对多方面影响进行了评估，并初步提出了应对方案，如全球应立即减少 60%的人类活动所产生的长寿命温室气体排放，以将大气温室气体浓度稳定在当前的水平。该报告的主要结论推动了《联合国气候变化框架公约》的制定与通过，开启了全球应对气候变化的国际治理进程。

1995 年，IPCC 第二次评估报告出炉。报告指出，二氧化碳排放是人为导致气候变化的最重要因素，并表示气候变化带来许多不可逆转的影响。报告还为《联合国气候变化框架公约》第二条所述之“将大气中温室气体浓度稳定在防止气候系统受到危险的人为干扰的水平”提供了科学信息，并提出制定气候变化政策，以及落实可持续发展过程中应重点兼顾公平原则。

2001 年发布的 IPCC 第三次评估报告明确了观测到的地表温度上升主要归因于人类活动，称由人类活动引起气候变化的可能性为 66%，并预测未来全球平均气温将继续上升，几乎所有地区都可能面临更多热浪天气的侵袭。IPCC 认为，随着气候变化加剧，全球各地将遭到更多不利影响，而发展中国家及贫困人口更易遭受气候变化的不利影响。

2007 年，IPCC 发布了第四次评估报告，报告称全球气候系统的变暖毋庸置疑，观测到的全球平均地面温度升高非常可能是由人为排放的温室气体浓度增加导致(可能性达到 90%)；而太阳辐射变化和城市热岛效应并非导致气候变化的主要原因。根据 IPCC 的预测，到 21 世纪中叶，全球干旱影响地区范围将进一步扩大，与此同时，暴雨、洪涝等极端天气的风险也将增加，极地冰川和雪盖的储水量则将减少。与以往有所不同的是，这次报告引起了全世界空前的关注。当年，为了表彰 IPCC 在推动人类气候合作方面的积极作用，同时也为了进一步提升全球公众对气候问题的重视，挪威诺贝尔委员会把当年的诺贝尔和平奖颁发给了 IPCC 和制作了纪录片《难以忽视的真相》的阿尔·戈尔(见图 2-1)。诺贝尔奖委员会表示，气候变化在 20 世纪 80 年代还仅仅是一个假设性问题，但得益于 IPCC 近 20 年的贡献，到了 20 世纪 90 年代，气候变化已经有了确切的科学证据，并在全球建立了人类活动与气候变化有关的广泛共识。

IPCC 第五次评估报告于 2014 年 11 月正式发布，该次评估报告以更全面的数据来凸显应对气候变化的紧迫性。报告指出人类活动“极有可能”(extremely likely，95%以上可能性)导致了 20 世纪 50 年代以来的大部分(50%以上)全球地表平均气温升高。IPCC 指出可能性超过 90%即表明“极有可能”，从第四次评估报告中的 90%到该次评估报告中的 95%，这一代表可能性数字的上升表明气候科学家比以前更加确信人类活动是造成气候变化的主要原因。报告提到 2007 年至 2013 年间，全球海平面上升速度约为此前 10 年的两倍，即使按照各国最大力度减排的情景，到 21 世纪末，全球海平面也可能较 20 世纪末水平升高 0.5 m。报告还指出，过去 30 年来每 10 年的地表平均温度都高于 1850 年以来的任何一个 10 年。报告还强调，人类必须大幅度减少温室气体排放，才能在 21 世纪末将全球升温控制在高出工业化前水平 2 ℃ 的范围内。

图 2-1　IPCC 获得诺贝尔和平奖(图片来源:IPCC)

IPCC 认为,如果各国立即采取积极应对气候变化的措施,实现这一目标的概率将高于 66%;但如果全球到 2030 年才采取减排行动,实现这一温控目标的成本将大幅增加。该次报告的主要结论为各国于 2015 年巴黎气候大会达成新的气候协议提供了依据。

3. 第六次评估报告

IPCC 第六次评估报告第一工作组、第二工作组和第三工作组分别于 2021 年 8 月、2022 年 2 月和 2022 年 4 月发布了三份工作组报告(见图 2-2)。

图 2-2　IPCC 第六次评估报告(图片来源:IPCC)

第一工作组的报告《气候变化 2021:自然科学基础》由来自 66 个国家的 234 名科学家完成。作者们以超过 14000 篇科学论文为基础完成这份报告,随后获得了 195 个成员国政府代表的批准。报告指出新的气候模型模拟、新的分析和结合多条证据的方法有助于更好地了解人类对更广泛的气候变量的影响。报告再次强调，人类活动影响已造成大气圈、海洋、冰冻圈和生物圈发生了广泛而迅速的变化，气候系统许多层面的当前状态在过去几个世纪甚至几千年来均是前所未有的。

针对未来，报告提供了相对于1850—1900年的21世纪近期（2021—2040年）、中期（2041—2060年）和长期（2081—2100年）的结果。在所有5个排放情景下，至少到21世纪中期，全球地表温度将继续上升。未来几十年内如果不在全球范围内进行二氧化碳和其他温室气体的大幅减排，全球升温将在21世纪内超过1.5 ℃甚至2 ℃。气候系统的许多变化与全球变暖的加剧直接相关。此类变化包括极端高温、海洋热浪、强降水、部分区域农业及生态干旱的频率和强度增加，强热带气旋比例的增加，以及北极海冰、积雪和多年冻土的减少。过去和未来温室气体排放造成的许多变化，特别是海洋、冰盖和全球海平面发生的变化，在世纪到千年尺度上是不可逆的。

第二工作组的报告《气候变化2022：影响、适应和脆弱性》包含有关气候变化对自然和人类活动影响的信息。审查的主题包括生物多样性丧失，移民、城市和农村活动的风险，人类健康，粮食安全，水资源短缺和能源短缺。报告指出，至少33亿人（约占世界人口的40%）现在属于最严重的“高度脆弱”类别，其中10亿人面临洪水，对发展中国家的影响最为严重。此次报告确定了气候变化的127种不同的负面影响，其中一些是不可逆转的。报告还对一些应对气候变化的措施进行了评论，警告太阳辐射管理、在不合适的区域种植森林等方式具有很高的生态风险。该报告相当强调对气候变化适应行为的局限性。

第三工作组的报告《气候变化2022：减缓气候变化》较为全面地归纳和总结了第五次评估报告发布以来国际社会在减缓气候变化领域取得的新进展，阐述了全球温室气体排放状况、将全球变暖限制在不同水平下的减排路径、气候变化减缓和适应行动与可持续发展之间的协同等内容，揭示了为实现不同温升控制水平全行业实施温室气体深度减排的重要性和迫切性；同时也强调了在可持续发展、公平和消除贫困的背景下，开展气候变化减缓行动将会更持久、更有效和更容易被接受。

报告特别强调，为了应对气候变化，人类社会的所有部门都应该深度减排。能源部门进行重大转型，这将涉及大幅减少化石燃料的使用、广泛推广电气化、提高能源效率以及使用替代燃料（如氢能）。城市地区也为减排提供了重要机会：通过降低能源消耗（如创建紧凑、适合步行的城市）、结合低排放能源的交通电气化以及利用大自然加大碳吸收和储存，就能实现减排，并且，对于老牌的、快速发展的和新的城市，都有多种选择。减少工业部门的排放，需要提高材料使用效率、重复使用和回收产品以及最大限度地减少浪费。对于钢铁、建筑材料和化学品等基本材料，低至零温室气体排放的生产过程正处于试点到接近商业化的阶段。农业、林业和其他土地利用可以做到大规模的减排，以及大规模清除并储存二氧化碳。

从 IPCC 历次评估报告的结论可以看出，科学界已经明确气候变化正在发生，且由人类活动主导的事实。气候科学的进步促进了全球形成应对气候变化的政治共识，这一政治共识又进一步促使科学界在气候变化方面深入研究，以加深全球对气候变化的认识。此外，公众对于气候变化的认知是全球应对气候变化的基础之一。2018 年 1 月，IPCC 发布了《气候变化传播原则手册》，旨在推动将复杂的气候科学议题在公众中进行有效传播，以提高公众对此议题的认知与参与。应对气候变化并非仅由某些国家的决策者而决定，更涉及所有国家的公众。将气候科学的最新进展及时有效地传递给公众，将使公众在接收到准确信息的基础上更为有效地参与决策。

2.1.3 联合国气候变化框架公约与联合国气候大会

1992 年 5 月 9 日，联合国政府间谈判委员会在纽约联合国总部完成了《联合国气候变化框架公约》(United Nations Framework Convention on Climate Change，UNFCCC)。同年 6 月 4 日，在巴西里约热内卢召开的联合国环境与发展大会上，该公约获得通过。这份文件是世界上第一个为全面控制温室气体排放、应对全球气候变化带来不利影响的国际公约，也是国际社会在应对全球气候变化问题上进行国际合作的基本框架。

1994 年 3 月 21 日，UNFCCC 正式生效，秘书处设在德国波恩。当时有 154 个国家参与谈判并签署，截至 2022 年，缔约方已经有 198 个。中国于 1992 年 11 月 7 日经全国人大批准《联合国气候变化框架公约》，并于 1993 年 1 月 5 日将批准书交存联合国秘书长处。UNFCCC 自 1994 年 3 月 21 日起对中国生效。

UNFCCC 旨在推动全球将大气中温室气体浓度控制在一定水平，使生态系统能够自然地适应气候变化、确保粮食生产免受威胁并使经济可持续发展。UNFCCC 确立了“共同但有区别的责任”原则、公平原则、基于各自能力原则等国际气候治理的基本原则。在这些精神的指导下，UNFCCC 对发达国家和发展中国家规定的义务及履行义务的程序有所区别：要求发达国家作为温室气体的排放大户，采取具体措施限制温室气体的排放，并向发展中国家提供资金以支付他们履行公约义务所需的费用；发展中国家只承担提供温室气体源和温室气体汇的国家清单的义务，制定并执行含有关于温室气体源与汇方面措施的方案，不承担有法律约束力的限控义务。

UNFCCC 为此后 30 年的国际气候谈判提供了方向性的指引。1995 年起，所有缔约方都要参加的缔约方会议成为 UNFCCC 的最高机构，并且每年召开一次会议评估应对气候变化的进展。相关的会议也叫作“联合国气候变化大会”(United Nations Climate Change Conference，UNCCC)。全球治理的最主要方式实际上就是各方参加 UNFCCC 缔约方大会的气候谈判与国际合作的过程。《京都议定书》《巴黎协定》等制度规范以及它们所代表的不同气候治理模式，都属于 UNFCCC 进程的一部分。前面章节介绍的 IPCC 的评估报告是 UNFCCC 参考的最重要的文件，第二次评估报告有力地促进了《京都议定书》的通过，而第五次评估报告则是《巴黎协定》的基础。

2.1.4 《京都议定书》

《京都议定书》(Kyoto Protocol)全称《联合国气候变化框架公约的京都议定书》，1997 年 12 月，在日本京都的 COP3 会议上通过，其目标是将大气中的温室气体含量稳定在一个适当的水平，以保证生态系统的平滑适应、食物的安全生产和经济的可持续发展。《京都议定书》是在共同但有区别的原则上，将各国的减排义务进行落地的一种方案，发达国家有强制的减排义务，发展中国家没有强制减排义务但是需要协助发达国家减排。它规定从 2008 年到 2012 年期间，主要工业发达国家的温室气体排放量要在 1990 年的基础上平均减少 5.2%，其中欧盟将 6 种温室气体的排放削减 8%，美国削减 7%，日本削减 6%。《京都议定书》规定发达国家一方面可以内部进行减排，也可以通过帮助发展中国家减排获取相应的减排权以实现减排目标。这就是《京都议定书》第二十条提到的清洁发展机制(CDM)。CDM 的诞生使碳减排从一种社会行为变成可以产生经济效益的市场行为，碳交易市场也由此拉开帷幕。除此之外，《京都议定书》还引进了联合履行(JI)和排放交易(ET)两种补充性机制。

《京都议定书》于 1998 年 3 月 16 日至 1999 年 3 月 15 日开放签字，其间共有 84 国签署，条约于 2005 年 2 月 16 日开始强制生效，这是人类历史上首次以法规的形式限制温室气体排放。我国于 1998 年 5 月 29 日签署《京都议定书》。由于我国是条约控制框架以外的国家，所以不受温室气体排放限制。到 2009 年 2 月，一共有 183 个国家签署了该条约(合计排放量占当年全球排放量的 61%)，值得关注的是美国曾签字，但并未送交参议院进行批准。2012 年在卡塔尔多哈举办的 COP18 会议上，《京都议定书》的有效期从 2012 年延长至 2020 年，而 2013—2020 年这个阶段也被称作第二承诺期，但这个阶段的减排承诺极低，基本形同虚设。《京都议定书》的执行并不是一帆风顺。2001 年美国小布什总统上台后不久就宣布退出，这也导致了 1997 年签订的协约到 2005 年才满足生效条件(要求签约国家数量超过 55 个且占 1990 年总排放的 55%以上)。2008 年金融危机席卷全球，欧盟控排企业排放量大幅下降导致碳排放配额超发，市场一度陷入混乱。即便有各种不利的因素存在，《京都议定书》可以说是一次成功的尝试，它证明了至少在不触及核心利益的情况下，对于能为人类解决共同问题的方案还是可以达成一致并执行下去；而且它还证明了人们可以通过市场手段来解决环境问题。

2.1.5 《巴黎协定》

《巴黎协定》(The Paris Agreement)于 2015 年 12 月 12 日在法国巴黎的 COP21 会议上通过，它对 2020 年后(《京都议定书》第二承诺期结束后)全球应对气候变化的行动作出了统一的安排，各国承诺将采取行动以将全球升温控制在高出工业化前水平 2 ℃的范围内，并尽量控制在 1.5 ℃的范围内。《巴黎协定》最重要的一点就是在尊重共同但有区别的责任的原则上，让全球几乎所有国家都提出减排目标。根据要求，每个缔约方都需要提交国家自主贡献，即 NDC(Nationally Determined Contributions)。

为了更好地落实各国的 NDC，《巴黎协定》还特地设立了透明度标准和定期回顾机制，以促进条约有效执行。透明度标准相关的安排包括国家信息通报、两年期报告/更新报告、国际评审评估和国际协商分析；定期回顾机制包括 2023 年进行第一次全球总结，并在此后每 5 年进行定期的全球总结和分析。同时，该协定也约定了“棘齿锁定”的机制，各国可以在现有减排承诺的基础上随时提高目标，但不可降低，以此保障减排进程“只进不退”。总之，区别于《京都议定书》，《巴黎协定》要求每一个缔约方都参与碳减排的行动，至于减排目标的高低，可以根据实际情况和多边谈判的谈判结果来确定。除此之外，另外一个不同点是《巴黎协定》没有明确的有效期，它是一个长期的协议，以最终实现温度控制目标为终点。

2016 年 4 月 22 日在美国纽约联合国大厦，各方代表完成《巴黎协定》签署，中国也成为首批缔约方之一(见图 2-3)。2016 年 11 月 4 日起，《巴黎协定》正式实施。2021 年 11 月 13 日，在英国格拉斯哥的 COP26 上，各缔约方在经过两周的谈判后，最终完成了《巴黎协定》的实施细则。截至目前，《巴黎协定》共有 194 个缔约方。

《巴黎协定》有一项重要但是悬而未决的事项，就是其第六条关于国际间在为实现 NDC 而实施合作项目时，如何互认减排量的问题。这个类似于《京都议定书》中的 CDM 机制，但与 CDM 不同的是，在每个国家都有自己的 NDC 时，合作双方对于合作的项目存在减排权益归属的争议。目前，关于第六条通过缔约方的合作来实现 NDC 的相关细节还有待落定。如果相关制度设计不当，那么国际间“碳贸易”将不复存在；如果设计得当，则有望延续甚至超过《京都议定

图 2-3　COP21 会议现场

（图片来源：巴黎缔约方大会 COP Paris）

书》下 CDM 机制创造的碳交易市场。

无论如何，《巴黎协定》都是继 1992 年《联合国气候变化框架公约》、1997 年《京都议定书》之后，人类历史上应对气候变化的第三个里程碑式的国际法律文本。它表明应对气候变化的国际合作符合全人类共同利益，也是人权保护的重要内容。地球是人类共同的家园，每一个人都身处其中，命运与共。它作为一份具有法律拘束力的国际条约，其意义在于把各国的政治共识通过法律的形式明确和固定下来，连同 UNFCCC 一起构成“后京都时代”国际气候变化制度的法律基础。它引入的 NDC 机制，巧妙地回避了各国减排义务分配上的难题，灵活务实地创造了全球治理的新范例。

2.2　气候命运共同体与各国行动

尽管 IPCC 和 UNFCCC 的成立与条约通过已经有几十年的历史，但各国在应对气候变化挑战的议题上并不是天然的同盟。《京都议定书》在当时的全球背景下对发达国家和发展中国家作了区分。《巴黎协定》签署生效所开启的全球气候治理“后巴黎时代”才真正展现了全人类应对气候变化的雄心，构建人类气候命运共同体成为一个明确的议题。《联合国气候变化框架公约》的资料显示，截至 2023 年 7 月，198 个国家向秘书处递交了国家自主贡献方案，约 140 个国家和地区提出了碳中和目标，并大多以立法、颁布政策等多种方式推进工作。非洲的苏里南与不丹已经实现碳中和，马尔代夫、孟加拉国、毛里塔尼亚和几内亚比绍等 4 个国家以 2030 年作为碳中和目标年份，芬兰以 2035 年为目标年份，冰岛、安提瓜和巴布达等 2 个国家以 2040 年为目标年份，德国、瑞典和尼泊尔以 2045 年为目标年份，剩余的国家基本上以 2050 年和 2060 年作为实现碳中和的目标年份，印度以 2070 年作为目标年份。

当然，与最终目标高度一致的情况稍有不同，因为每个国家的碳排放所处的阶段不同，例如已经有 50 多个国家实现了碳达峰，各自的实现路径与阶段性目标会有所不同。但无论如何，在全人类共同面对的气候变化问题面前，碳中和已然成为全球趋势，各个国家亦从过去各自为战应对气候变化的状态变为共同应对、团结应对的姿态。

当前，全球气候命运共同体有三个特点。第一，殊途同归。各国对应对气候变化的态度在历史上存在巨大差异，欧盟长期以来持有十分积极的态度，而诸如印度等国则比较排斥。即便是如今，在大家都纷纷制定自己的国家自主贡献的方案时，各个国家采取行动的原因也不尽相同。例如，一些海洋中较小的岛国面临被海平面吞没的风险，他们应对气候变化是生存的需求；而一些国家则是为了能在气候变化领域取得技术优势进而促进经济发展。抛开历史因素与动因，大家齐心协力一起应对气候变化带来的威胁却是既存的事实，所以我们用“殊途同归”来描述这一特征。第二，普遍认同的价值。在大量科学数据的证实下，全球气候变化已经得到了普遍的承认，“气候阴谋论”的声音也越发衰弱。在这种背景下，采取行动应对气候变化已经成了一种被大家认可的价值。第三，区域互动性加强。在同一区域的国家，开展的关于气候变化的合作越来越多，因为一旦一个国家受到冲击，周边肯定也会受牵连。同时，在重要节点上，大家又会呈现“你追我赶”的姿态，例如中、日、韩三国对外承诺碳中和的时间相差不过一个月，这种一致性的背后正是地缘政治和气候政治的共同作用。

接下来，我们将详细介绍国际上几个主要经济体应对气候变化的行动，从各国在不同时期的态度与行动可以窥探人类气候命运共同体形成的过程极其艰辛。欧盟是世界第三大温室气体排放经济体，也是应对气候变化最积极的经济体之一；英国脱欧后作为单一经济体排放体量并不巨大，但其与欧盟一样，都属于积极应对气候变化的代表；美国是第二大排放国，但其气候政策反复无常，对全球气候谈判进程造成不利影响；日本是第六大排放经济体，其气候政策也多有变化；俄罗斯和印度也是两个排放大国，属于逐渐、被动地重视应对气候变化问题的代表；最后，我们还选择韩国进行介绍，将其作为排放较小且积极应对的国家代表。

2.2.1 欧盟

自 1993 年成为一个政治实体后，在应对气候变化的问题上，欧盟无论在态度积极性，还是零碳、低碳技术的研发应用，或是碳市场等经济工具的设计方面，一直都属于领跑者(见图 2-4)。从 20 世纪末开始，欧盟气候变化政策围绕《京都议定书》的不同发展阶段不断向前推进，并极力主张全部发达国家都加入这一全球性的制度承诺。2000 年，欧盟启动欧洲第一个气候变化方案，欧盟及其成员国以及各利益相关集团都采取了一系列具有成本效益的减排措施，如鼓励使用可再生能源发电、在交通部门推广使用生物燃料、改善建筑物能效等。2002年,欧盟通过了第六个框架计划,该计划将应对气候变化问题视为欧盟可持续发展战略的重要内容,并将它列为4个优先环保行动领域的首位。从此,减排要求开始纳入欧盟农业、能源、区域和科研等政策领域。

图 2-4 位于比利时布鲁塞尔的欧盟总部

(图片来源:www.freepik.com)

欧盟在气候变化国际谈判中积极协调各方利益,推动达成全球气候变化协议。在美国和澳大利亚相继退出《京都议定书》后,气候变化国际谈判陷入困境,为化解危机,欧盟动用了其所有的外交力量动员其他国家支持和参与《京都议定书》。一方面,欧盟在与以广大发展中国家为主体的"G77国+中国"的谈判中表现出较为灵活的态度,促成了发展中国家对《京都议定书》的支持;另一方面,欧盟以支持俄罗斯加入世贸组织为条件,促成俄罗斯参与《京都议定书》。正是在欧盟的积极推动下,《京都议定书》最终于2005年2月正式生效。

从2005年到2007年底,欧盟推动《京都议定书》各项条款措施的落实。在区域内部,欧盟的政策重点是在《京都议定书》的第一个承诺期内找到减少温室气体排放的最有效的成本-效益解决方法。在此期间,欧盟碳排放交易体系(European Union Emission Trading System,EU ETS)正式启动,其目的是将环境"成本化",借助市场的力量将环境转化为一种有偿使用的生产要素,通过建立排放配额交易市场,有效地配置环境资源、鼓励节能减排技术发展。这是世界上第一个跨国二氧化碳交易项目,也揭开了国际碳市场的帷幕,我们会在本书第4章作详细介绍。

2008年,为实现《京都议定书》中2020年气候和能源目标,欧盟委员会通过《气候行动和可再生能源一揽子计划》,内容包括欧盟排放权交易机制修正案、欧盟成员国配套措施任务分配的决定、碳捕集和封存的法律框架、可再生能源指令、汽车二氧化碳排放法规和燃料质量指令,由此形成了欧盟的低碳经济政策框架。该计划是最早具有法律约束力的欧盟碳减排计划,被认为是全球通过气候和能源一体化政策实现减缓气候变化目标的重要基础。从2013年开始，欧盟规定在2008—2012年碳配额总量的基础上，将减排目标设定为在2005年的总量基础上减排21%，每年以1.74%的比例递减，覆盖的行业也不断扩大，其间航空业也被纳入EU ETS的范围之内。

进入《巴黎协定》时代后，欧盟应对气候变化的积极性有增无减，他们采取积极行动达成碳中和目标，提出了具体的减排目标，也出台了相对系统化的立法政策。2018年11月，欧盟委员会首次提出了2050年实现碳中和的欧洲愿景；2019年3月与12月，欧洲议会与欧洲理事会相继批准了该愿景的提案；为了实现碳中和目标，2019年12月，欧盟委员会发布了《欧洲绿色协议》，提出了欧洲迈向碳中和的7大转型路径；2020年3月，欧盟委员会通过了《欧洲气候法》提案，旨在从法律层面确保欧洲到2050年实现碳中和；一年后，欧盟就《欧洲气候法》达成协议，2050年碳中和目标被写入法律，所有欧盟机构和成员国将集体承诺在欧盟和国家层面采取必要措施以实现此目标并承担义务。

在《欧洲气候法》指导下，欧盟将树立并实行更严格的温室气体排放目标，并将在未来几十年指导其他欧盟法规的制定，尤其是汽车排放法规。《欧洲气候法》包括一个总目标，即到2030年，欧洲净排放量将在1990年的水平上至少减少55%，取代了之前减少40%的目标，最终在2050年实现净零排放。

2021年3月，欧盟通过了一项关于与世贸组织兼容的欧盟碳边境调节机制(CBAM)的提案：如果一些与欧盟有贸易往来的国家不能遵守碳排放相关规定，欧盟将对这些国家进口商品征收碳关税。这个制度将影响所有向欧盟出口的国家，尤其是那些高耗能、高排放的行业。2023年4月，欧洲议会通过了CBAM；2023年10月1日，CBAM在过渡期(至2025年12月31日)的政策开始实施，要求进口商在2024年1月31日前提交第一份进口商品的碳排放报告；2026年1月1日，CBAM将进入正式执行阶段。CBAM无疑会严重影响中国、印度、巴西、澳大利亚等高排放行业占比较高的国家，各国相继会提出系列应对措施。

2021年7月，欧盟委员会又发布了"减碳55"一揽子计划，并通过了9条提案。该计划特别关注了交通领域的碳减排，要求新车和货车的排放量从2030年开始比2021年的水平下降65%，在2035年实现汽车净零排放，同时规定各国政府加强车辆充电基础设施建设。在《欧洲气候法》、"减碳55"一揽子计划和《欧洲绿色协议》框架下，欧盟主要从7个方面构建并完善其碳中和政策框架：①将2030年温室气体减排目标从50%～55%提高到60%；②修订气候相关政策法规；③基于《欧洲绿色协议》与行业战略，统筹与协调欧盟委员会的所有政策与新举措；④构建数字化的智能管理体系；⑤完善欧盟碳排放交易体系；⑥构建公正的转型机制；⑦对欧盟的绿色预算进行标准化管理。

2.2.2 英国

英国作为世界上最早实现工业化的国家，早期其环境问题广受关注，曾出现了震惊世界的“伦敦烟雾事件”。同时，英国作为一个岛国，四面环海，其地理位置决定了它容易受全球变暖的负面影响。由于历史背景和地理环境，在应对全球气候变化、实现碳中和目标上，英国一直表现积极，试图通过一系列的承诺和改革举措，在该领域保持世界领先地位。

1997年京都会议后，英国一直在研究相关政策。2000年11月，英国发布了其第一份控制气候变化的计划，详述了如何按照《京都议定书》所规定的目标，减排12.5%的温室气体，并争取在2010年前，将二氧化碳排放在1990年基础上降低15%～20%。2008年，英国正式颁布《气候变化法案》，提出设立个人排放信用电子账户以及排放信用额度等创新理念，该法案使英国成为世界上首个以法律形式明确中长期减排目标的国家。2019年6月，英国新修订的《气候变化法案》生效，正式确立到2050年实现温室气体净零排放，即碳中和。2020年11月，英政府又宣布一项涵盖10个方面的《绿色工业革命十点计划》，包括大力发展海上风能、推进新一代核能研发和加速推广电动车等（见表2-1）。2020年12月，英政府再次宣布最新减排目标，承诺到2030年英国温室气体排放量与1990年相比至少降低68%。这是全球减排目标中最高目标之一，也意味着英国承诺将以领先全球主要经济体的速度减少温室气体排放。

英国的减排力度不只体现在承诺、方案和法规上，英国的减碳行动也领跑全球。一方面，在国内减排方面，他们取得了较好的成绩。相比于1990年的排放量，2020年英国二氧化碳和温室气体的排放量分别下降了45%和49%，这个下降速度在全球主要经济体中最快。特别需要指出的是，2020年英国二氧化碳排放量比1888年的排放量还略低。同时，英国也创造了许多有效的减排工具，其中最有代表性的就是在2002年自发建立英国碳排放交易体系（UK ETS）。这是世界上最早的碳排放交易市场，也为后来欧盟碳排放交易市场及全球其他碳交易市场的构建提供了经验。

英国在碳中和领域的一系列大胆承诺，不仅有其出于应对气候变化的考虑，同时也有提振国内经济发展和国际影响力的考量。近年来，英国经济饱受“脱欧”和新冠疫情拖累，需要一剂强心针来刺激经济复苏。通过“绿色经济”来促进就业，改善区域发展不平衡状况以及推动产业升级等，是其出于拉动经济目标的现实考量。英国政府表示，其《绿色工业革命十点计划》将带动120亿英镑的政府投资，并拉动约360亿英镑的私人投资，有望到2030年创造或支持多达 25 万个就业岗位。英国也想通过“气候变化外交”，力争在“脱欧”之后塑造独立、领先的“全球化英国”形象。当然，英国想实现雄心勃勃的 2050 年碳中和目标绝非易事。这涉及大量行业，并需要政府强力的干预才有可能实现。

表 2-1　英国《绿色工业革命十点计划》

序号	主题	内容
1	海上风能	通过海上风力发电为每家每户供电，到 2030 年，英国要实现风力发电量翻两番，达到 40 吉瓦
2	氢能	到 2030 年，实现 5 吉瓦的低碳氢能产能，供给产业、交通、电力和住宅；在 10 年内建设首个完全由氢能供能的城镇
3	核能	将核能发展成为清洁能源来源，包括大型核电站及开发下一代小型先进的核反应堆
4	电动汽车	到 2030 年（比原计划提前 10 年），停止售卖新的汽油和柴油汽车及货车；到 2035 年，停止售卖混合动力汽车
5	公共交通、骑行和步行	将骑行和步行打造成更受欢迎的出行方式，并投资适用于未来的零排放公共交通方式
6	喷气飞机零排放和绿色航运	通过飞机和船只零排放研究项目，帮助脱碳困难的行业变得更加绿色清洁
7	住宅和公共建筑	让住宅、学校和医院变得更加绿色清洁、保暖和节能；到 2028 年，安装 60 万个热泵
8	碳捕集	成为环境中有害气体捕集与封存技术的世界领导者，并计划到 2030 年清除 1000 万吨二氧化碳
9	自然生态	保护并恢复自然环境，每年种植 3 万公顷树林
10	创新和金融	为实现上述新能源目标开发更多尖端技术

2.2.3　美国

自 20 世纪 90 年代国际社会采取行动应对气候变化以来，美国政府的气候政策几经调整。每届政府对待环境的态度大相径庭，这种不确定性极大地影响了全球应对气候变化的进程。

20 世纪 90 年代初，老布什执政期间，美国认识到气候问题的重要性，在 1992 年签署与批准了 UNFCCC，但并未给予高度关注。在随后的克林顿执政期间，政府努力把环境问题与美国国家安全联系起来，提升了环境问题在国内政治议程上的优先性。在此期间，美国以比较积极的姿态签署了《京都议定书》。从 2000 年起，在小布什执政期间，由共和党执政的政府认为《京都议定书》给美国经济带来了消极影响，美国于 2001 年宣布退出《京都议定书》。

在奥巴马政府时期，美国环境议程优先考虑通过使用可再生能源减少碳排放。2009年,《美国清洁能源和安全法案》在美国众议院通过。2015年,奥巴马又宣布了《清洁电力计划》最终方案。这个计划将对美国温室气体排放施加更严格的限制,并成为迄今美国应对气候变化迈出的“最重要”一步。2016年4月22日,奥巴马政府签署《巴黎协定》。到了特朗普执政时期,美国在气候议题上表现出了极大的反对情绪。

2017年,刚上任的特朗普就开始实施“美国优先能源计划”,并废除许多环境法规。美国环境保护局以不合法为由,宣布废除奥巴马政府推出的气候政策《清洁电力计划》。2019年9月,特朗普政府用不限制排放的平价清洁能源规则取代了奥巴马时代的清洁能源计划,新规则使得美国到2030年减排不到1%。2019年11月,特朗普政府又宣布退出《巴黎协定》。2020年4月,特朗普发布了新的车辆排放标准,按当时测算会导致每年额外10亿吨二氧化碳的排放量。

2021年,拜登政府上台后,宣布重新加入《巴黎协定》,并首次在白宫内设置气候政策办公室。他审查或撤销了许多特朗普政府的环境政策。拜登政府还就减排给出一系列承诺:在2030年美国将温室气体排放从2005年水平减少50%～52%;到2035年,通过向可再生能源过渡实现无碳发电;到2050年,实现碳中和,这是美国在气候领域提出的最新目标。为了实现美国的“3550”碳中和目标,拜登政府计划拿出2万亿美元,用于基础设施、清洁能源等重点领域的投资。具体措施主要有:在交通领域,推行清洁能源汽车和电动汽车计划、城市零碳交通、“第二次铁路革命”等;在建筑领域,实施建筑节能升级、推动新建筑零碳排放等;在电力领域,引入电厂碳捕集改造、发展新能源等。同时,加大清洁能源创新,成立机构大力推动包括储能、绿氢、核能、CCUS等前沿技术研发,努力降低低碳成本。可以看出,美国的气候和能源政策目标非常清晰,在2050年实现碳中和是其长远目标,而由传统能源独立向清洁能源独立是其战略路径。

与美国政府的态度反复不同,美国民间社会的许多有识之士和优秀企业一直参与气候变化相关的话题讨论并积极付诸行动。著名企业家、慈善家比尔·盖茨投资了数家零碳、低碳行业的公司,并结合自己的投资经验与全球最先进的低碳技术撰写了《气候经济与人类未来》一书,造成巨大影响,使得全球各国资本对气候变化与碳中和议题的关注度大大提升。苹果公司在2020年4月就实现了公司运营(包括办公室、数据中心、零售店等场所设施,以及商务差旅和员工通勤等场景)的碳中和。2019年,苹果公司综合碳足迹比2015年时的峰值降低了35%。另外,苹果公司还承诺在2030年实现其供应链所有环节的碳中和。传统车企通用汽车在其能源转型白皮书中提出将会投资270亿美元,在2040年实现其全球产品和运营的碳中和。

和其他国家一样,要推动碳中和目标的实现,美国面对的困难不少。首先就是未来政党更替导致的政策反复，这是美国实现碳中和的最大障碍。其次，改变长期以来形成的能源结构，向以可再生能源为主转变，最终实现能源转型并非易事；如何处理好在推动低碳清洁能源发展的同时，照顾好化石能源生产商的利益是棘手的问题。

2.2.4 日本

日本应对气候变化的态度也常发生变化，但其动因不是政党轮替，而是受自身经济发展状况影响。第二次世界大战后，日本取得了经济上的飞跃，日本政府开始尝试在国际社会上有所作为。从 20 世纪 80 年代开始，他们成为世界上最早推行环境外交的国家，这种状态一直持续到 21 世纪初，这个阶段的日本可以说是环境治理（包括应对气候变化在内）的“旗手”。

1984 年，日本政府积极推动联合国成立“世界环境与发展委员会”。1992 年，在里约热内卢召开的联合国环境与发展会议上，日本不仅承诺限制有害气体排放，还承诺 5 年内为环保事业提供 1 万亿日元援助，远超欧盟和美国。1997 年，《京都议定书》获得通过也离不开东道主日本的推动。1998 年，日本政府制定并通过了《全球气候变暖对策推进法》，这是世界上第一部以防止全球气候变暖为直接目的的法律性文件，既做到了对温室气体排放量的积极调控，又表达日本在应对全球气候变暖问题上的积极立场。2008 年，日本政府发表了防止全球气候变暖的对策《福田蓝图》，首次提出了构建低碳社会的具体目标，即在 2050 年使本国的温室气体排放量削减至当年的 60%至 80%。2009 年，鸠山由纪夫内阁在哥本哈根的联合国气候变化大会上做出承诺，以 1990 年为基数，到 2020 年削减 25%的温室气体排放。这是日本政府对《京都议定书》第二承诺期的承诺。

日本对气候议题态度的转变发生在 2010 年，此后日本从“旗手”变成了“反对者”。由于日本社会各界认为《京都议定书》可能给日本的经济发展带来负面影响，在坎昆的联合国气候变化大会上，日本代表团公开否定《京都议定书》，招来了多国抨击。2011 年，日本发生“3・11”大地震，福岛第一核电站发生核泄漏事故。日本国内的电力缺口很大，只得启用火力发电站，温室气体排放急剧增加。在 2011 年德班的联合国气候变化大会上，日本仍对《京都议定书》第二承诺期持拒绝态度。不过在中国、印度等国的坚持下，会议决定《京都议定书》第二承诺期要在 2012 年卡塔尔举行的联合国气候变化大会上正式被批准，并于 2013 年开始实施。

经过几年的激烈反对之后，日本对减排的态度又开始缓和。2018 年，日本制定了战略能源计划，目标设定为2030年。该计划旨在将煤炭使用量从32%减少到26%，将可再生能源从17%增加到22%～24%，并将核能从6%增加到20%～22%。日本还宣布关闭140家燃煤电厂中的100家老旧低效燃煤电厂。2020年10月，时任日本首相菅义伟宣布了日本到2050年实现碳中和的目标，力争2030年度温室气体排放量比2013年度减少46%，并将朝着减少50%的目标努力。2021年5月，日本国会参议院正式通过修订后的《全球变暖对策推进法》，以立法的形式明确了日本政府提出的到2050年实现碳中和的目标。为实现2050年碳中和目标，日本政府2020年底发布了《绿色增长战略》，将在海上风力发电、电动车、氢能源、航运业、航空业、住宅建筑等14个重点领域推进温室气体减排。

2.2.5 俄罗斯

俄罗斯联邦自成立以来，对待气候变化议题的态度可以用“实用主义”和“日益重视”两个词概括。气候变化议题刚进入国际社会议事日程时，正值苏联解体前后，政府决策层与普通民众的注意力几乎都被国家解体和社会转型带来的冲击所占据和吸引，气候变化几乎没有进入决策层和大众的视野。尽管如此，当时亲西方政策主导下的俄罗斯政府为响应西方的号召，也于1992年宣布加入《联合国气候变化框架公约》，并于1996年成立了俄罗斯环境部和自然资源部来负责气候变化问题。

普京执政初期，俄罗斯对待气候变化的态度与立场呈现实用主义的特征。2004年，俄罗斯批准通过《京都议定书》，这一举措意义重大。俄罗斯的加入最终使得人类历史上首次以法律形式限制温室气体排放的国际条约得以生效，国际社会对此表示赞赏。这样做也为俄罗斯获得欧盟的支持加入WTO发挥了积极作用。然而，自从2005年《京都议定书》生效之后，俄罗斯很长时间内很少在世界气候大会上发声，国内也鲜有出台有关应对气候变化的政策、举措，甚至缺少相关讨论，俄罗斯对气候变化问题的态度较为冷淡。2006年，俄罗斯在国内颁布了两部气候问题相关政府法令:《关于建立俄罗斯评估人类温室气体排放的标准》和《关于俄罗斯评估人类温室气体排放标准的确认》。这两部法令是俄罗斯国内气候政策的主要内容，重点在于重新核对检测标准，便于摸清家底，而非应对问题。

梅德韦杰夫担任俄罗斯总统期间，俄政府在气候变化问题上的态度稍显积极，但这种态度的转变依旧是基于现实主义的考虑。2009年，俄罗斯政府颁布了《俄罗斯联邦气候策略》，提出了俄罗斯气候政策的目标、内容和实施方式。

在哥本哈根的联合国气候变化大会上，俄罗斯承诺在 2020 年前达到 1990 年基础上 25%的减排量，并指出俄罗斯削减碳排放并不是因为法律约束，而是因为这对俄罗斯的发展有利。2010 年，俄罗斯又宣布不管新的国际气候协议是否达成，俄罗斯都将努力提高能源效率和减少温室气体排放，因为从经济和环境的角度看，这符合俄罗斯的利益。

伴随着国内经济发展形势和外交环境的巨大变化，2012 年后俄罗斯在气候外交中变得更加积极主动，而其动因也是为了在冰冷的俄罗斯-西方关系中创造彼此沟通的渠道。2015 年 9 月，普京在第七十届联合国大会上表示，俄罗斯计划到 2030 年将温室气体排放量控制在 1990 年水平的 70%～75%。然而，其目标饱受诟病，因为 2015 年俄罗斯温室气体排放量本身就是 1990 年的 71%。由此可见，俄政府实际上是要为排放量的增长预留出一定的空间。2019 年 9 月，俄罗斯正式加入《巴黎协定》。2020 年 10 月，俄工业家和企业家联盟气候政策和碳管制委员会举行首次会议，推动政府和企业联合行动，应对低碳时代挑战。此外，俄罗斯高度关注欧盟能源政策，努力推动与欧盟绿色议程对话，呼吁发展俄欧低碳领域合作。2021 年 11 月，俄政府批准了《俄罗斯到 2050 年前实现温室气体低排放的社会经济发展战略》，向国际社会承诺要在经济可持续增长的同时实现温室气体低排放，并计划于 2060 年之前实现碳中和。

2.2.6 印度

作为世界第三大温室气体排放国，出于本国经济发展的需要，印度在很长一段时间内对发达国家提出的约束性排放限制嗤之以鼻，也因此备受指责与抨击。但随着温室气体排放量激增，国际压力的变大，印度逐步改变其应对气候变化的政策，承担温室气体排放国的应尽责任，参与全球气候治理的合作。

2008 年，印度发布了国家气候变化行动计划（NAPCC），其中包括但不限于：覆盖全国三分之一的森林和树木，到 2022 年将可再生能源供应占比增加到总能源结构的 6%，以及进一步进行灾害管理。2009 年，印度环境部明确表示，将设定一个非约束性的减排目标。虽然在西方发达国家施加的巨大压力下，印度已经宣布到 2020 年将排放强度在 2005 年的基础上降低 20%～25%，但是该声明实质上并没有撼动其不接受约束性排放目标的立场底线。2016 年，印度正式向联合国交存气候变化《巴黎协定》的批准书，承诺到 2030 年非化石燃料来源的电力占其总发电量的 40%。

近几年，印度也渐渐接纳了减排的义务，并主动设置了目标。2017 年，印度的《国家电力规划》提出：到 2027 年，57%的电力来自非化石燃料来源。2021 年 11 月，作为最后一个宣布碳中和目标的排放大国，印度将目标年份放在了 2070

年。此前,印度总理莫迪提及的应对气候变化的其他承诺还包括到2030年印度碳排放总量减少10亿吨、50%的电力来自可再生能源、排放强度(单位GDP的二氧化碳排放量)相比2005年降低45%;2030年非化石燃料发电产能从2015年设定的450吉瓦提高至500吉瓦。

2.2.7 韩国

韩国不属于《京都议定书》规定要求减排的国家,因此韩国在20世纪90年代和21世纪最初的几年并不重视碳减排问题。2008年开始,韩国出台了一系列针对温室气体减排的计划与法规。2008年,韩国提出了《低碳绿色增长战略》,正式将其作为国家发展的首要战略,此后出台《绿色金融计划》《低碳绿色增长基本法》等计划与法案,促进低碳技术开发以及初步提出建立碳定价机制的构想。2012年《温室气体排放权分配和交易法案》明确韩国将在2015年1月1日正式运行ETS碳排放交易市场。签署《巴黎协定》后,韩国的态度变得更为积极,2016年《低碳绿色增长框架法修正案》重组了气候变化应对管理机构,企划财政部全盘接管ETS体系。2020年7月,韩国政府宣布了一项规模达650亿美元的"绿色新政"。2020年10月,时任总统文在寅发表"2050碳中和宣言"演讲,宣布到2050年实现温室气体零排放。2021年,韩国国会通过了《碳中和与绿色增长框架法》,以法律的形式来保障碳中和的实现。同时,韩国还宣布将努力在2030年实现本国温室气体排放量比2018年减少40%,相比先前设定的减排目标26.3%,减排目标大大提高。

不同阶段对碳减排议题的不同态度,也反映在韩国碳排放的数据上。韩国1990—1997年碳排放平均增速为9%,21世纪后碳排放增速整体显著变慢,从2010年开始碳排放增速基本维持在−1%～3%,2019年碳排放增速达到−4%,有望在近年实现碳达峰。

延伸阅读

IPCC的六份特别报告

IPCC自成立至今,除了6份评估报告以外,还发表了6份特别报告,分别是2000年的《排放情景特别报告》、2011年的《可再生能源与减缓气候变化》和《管理极端事件和灾害风险推进气候变化适应特别报告》、2018年的《全球升温1.5℃》、2019年的《气候变化与陆地》和《气候变化中的海洋和冰冻圈特别报告》。

由于大量的基础研究,人们在2000年时对未来温室气体排放和气候变化认识比20世纪80、90年代要丰富许多,对未来排放情景的估计也发生了变化。

于是，IPCC特地发布了《排放情景特别报告》（见图2-5），内容涵盖了一系列新的排放情景，即SRES情景。SRES设计了4种世界发展模式，包括A1：假定世界人口趋于稳定，高新技术广泛应用，全球合作，经济快速发展；A2：人口持续增长，新技术发展缓慢，注重区域性合作；B1：世界人口趋于稳定，清洁能源的引进，生态环境得到改善；B2：人口以略低于A2的速度增长，注重区域生态改善。依据上述发展模式，SRES确定了40种不同的排放情景。《排放情景特别报告》描述的温室气体排放情景后来广泛用于预测未来可能发生的气候变化，在之后IPCC的评估报告里被频繁引用。SRES情景的排放预测在范围上与科学界制定的基线排放情景大致相当。当然，SRES情景并未涵盖所有可能的未来，排放变化可能小于情景所暗示的变化，也可能变化更大。

《可再生能源与减缓气候变化》（见图2-6）评估了当时全世界关于可再生能源商业化以缓解气候变化的所有文献，涵盖了转型中最重要的6种可再生能源技术（生物能源、太阳能、风能、水电、地热及海洋能源），以及它们与当前和未来能源系统的整合。报告还分析了与这些技术相关的环境和社会后果、克服技术和非技术障碍的成本和策略。报告在对可再生能源成本及技术的商业化进程进行分析比较后提出了适用于发电、热能和运输燃料的可再生能源形势，其中仅有生物能源可满足三种能源形势的需求。报告还预测，到2050年，先进生物能源、风能和太阳能将是最主要可再生能源。

图2-5 《排放情景特别报告》

（图片来源：IPCC）

图2-6 《可再生能源与减缓气候变化》

（图片来源：IPCC）

《管理极端事件和灾害风险推进气候变化适应特别报告》（见图2-7）评估了气候变化对自然灾害威胁的影响，以及各国如何更好地管理恶劣天气模式的发生频率和强度的预期变化。这份报告旨在成为决策者更有效地管理这些风险的储备资源。报告也指出未来一个潜在的重要研究领域就是极端事件趋势的检测以及这些趋势对人类影响的研判。报告发布时，并未引起巨大关注，但近几年来极端事件频发，联合国减灾办公室的研究显示，仅2018年一年的极端天气事件就影响了6000万人的生活。随着人们越来越重视相关话题，这份报告的价值也逐步凸显。

《巴黎协定》提出了1.5 ℃温控目标，IPCC受托于2018年提供了一份特别报告，说明全球平均温度较工业革命前水平升高1.5 ℃的潜在影响，并提供实现这一目标的温室气体减排路径。2018年10月，IPCC发布的《全球升温1.5 ℃》(见图2-8)指出，较工业化前的气温，目前全球温升已经达到了1 ℃，造成了极端天气事件增多、北极海冰减少、海平面上升等影响。每一点额外的升温都会产生重大的影响。升温1.5 ℃或更高会增加那些长期的或不可逆转的变化的风险。将全球变暖限制在1.5 ℃而不是2 ℃对人类和自然生态系统有明显的益处，有助于促进人类社会实现公平的可持续发展。报告还提出了控制温升在1.5 ℃之内的路径、所需采取的行动和可能产生的后果，全球应在土地、能源、工业、建筑、交通、城市等方面进行快速而深远的转型，到2030年全球二氧化碳排放量应比2010年下降约45%，到2050年达到“净零”排放。从报告的最新结果可以看到，许多陆地区域的温升程度高于全球平均水平，发展中国家尤其是贫困地区环境脆弱程度较高，风险承受和恢复能力较低，受气候变化的影响更大。为了维护自然生态系统平衡、实现可持续发展，社会各界更需要加速开展行动，将全球变暖控制在1.5 ℃之内。值得一提的是《全球升温1.5 ℃》特别报告还界定了“碳中和”“净零排放”等概念，统一了学术用语。

图2-7 《管理极端事件和灾害风险推进气候变化适应特别报告》

(图片来源：IPCC)

图2-8 《全球升温1.5 ℃》

(图片来源：IPCC)

《气候变化与陆地》特别报告(见图2-9)从陆气相互作用、荒漠化、土地退化、粮食安全、综合变化和协同性、可持续土地管理等方面评估气候变化与土地的相互关联。报告首次系统地评估了气候变化与陆面过程和土地利用/土地管理之间的相关作用。结果表明，全球陆地增温幅度接近全球海陆平均值的两倍，气候变化加重了综合土地压力，并严重影响全球粮食安全，而全球很多区域的极端天气气候事件频率/强度持续增加，加重了农业生产的灾害风险和损失。采取行业间和国家间协同一致的行动，通过可持续土地管理，可以有效地适应和减缓气候变化，同时减轻土地退化、荒漠化和粮食安全的压力。

海洋和冰冻圈(地球的冰冻部分)对地球上的生命起着关键作用。高山地区的6.7亿人口和低洼沿海地区的6.8亿人口与海洋和冰冻圈息息相关。北极地区永久生活着400万人口，而小岛屿发展中国家居住着6500万人口。《气候变化中的海洋和冰冻圈特别报告》(见图2-10)将气候变化对海洋、沿海、极地和山区生态系统，以及依赖它们的人类社区的影响进行评价，同时还评估了它们的脆弱性及适应能力，提出了实现气候适应发展路径的选择。报告的重点内容包括：高山地区冰冻圈的变化会影响下游社区，极地冰川和冰盖融冰促使海平面加速上升，海平面上升对低洼岛屿、海岸和社区的影响，海洋和冰冻圈变化对海洋生态系统产生的影响，应对与海洋和冰冻圈相关的极端、突变事件的分析和风险管理等方面。

图2-9 《气候变化与陆地》

(图片来源：IPCC)

图2-10 《气候变化中的海洋和冰冻圈特别报告》

(图片来源：IPCC)

历次COP、CMP、CMA的举办时间、地点和主要的谈判结果如表2-2所示。

表2-2 历次COP、CMP、CMA一览表

会议名称	时间	举办国家	举办城市	成就
COP1	1995年3—4月	德国	柏林	成立一个工作小组，就减少全球温室气体排放量继续进行谈判，在两年内草拟一项对缔约方有约束力的保护气候议定书。通过了工业化国家和发展中国家《共同履行公约的决定》，要求工业化国家和发展中国家“尽可能开展最广泛的合作”，以减少全球温室气体排放量

续表

会议名称	时间	举办国家	举办城市	成就
COP2	1996年7月	瑞士	日内瓦	呼吁各国加速谈判，争取在1997年12月前缔结一项“有约束力”的法律文件，减少2000年以后工业化国家温室气体的排放量
COP3	1997年12月	日本	京都	通过了《京都议定书》：从2008年到2012年期间，主要工业发达国家的温室气体排放量要在1990年的基础上平均减少5.2%，其中欧盟将6种温室气体的排放削减8%，美国削减7%，日本削减6%
COP4	1998年11月	阿根廷	布宜诺斯艾利斯	决定进一步采取措施，促使《京都议定书》早日生效，同时制定了落实议定书的工作计划
COP5	1999年10—11月	德国	波恩	通过了商定《京都议定书》有关细节的时间表，但在《京都议定书》所确立的三个重大机制上未取得重大进展
COP6	2000年11月	荷兰	海牙	无法达成预期的协议，只得中断会议以便给与会各方更多时间继续商讨谈判
COP6	2001年7月	德国	波恩	基于海牙会议形成的方案，达成波恩政治协议，在美国政府拒绝批准《京都议定书》的背景下，维护了议定书的框架，防止了气候变化谈判的破裂
COP7	2001年10月	摩洛哥	马拉喀什	通过了有关《京都议定书》履约问题的一揽子高级别政治决定，为《京都议定书》附件一所规定的缔约方批准议定书并使其生效铺平了道路
COP8	2002年10—11月	印度	新德里	通过了《德里宣言》，强调应对气候变化必须在可持续发展的框架内进行，明确指出了应对气候变化的正确途径。强烈呼吁尚未批准《京都议定书》的国家批准该议定书。在发展中国家的要求下，敦促发达国家履行《联合国气候变化框架公约》所规定的义务

续表

会议名称	时间	举办国家	举办城市	成就
COP9	2003年12月	意大利	米兰	成果十分有限，在推动《京都议定书》尽早生效并付诸实施方面未能取得实质性进展，甚至没有发表宣言或声明之类的最后文件，有关气候变化领域内的技术转让等核心问题也推迟到下次大会继续磋商
COP10	2004年12月	阿根廷	布宜诺斯艾利斯	成效甚微，在几个关键议程上的谈判进展不大
COP11/CMP1	2005年11—12月	加拿大	蒙特利尔	通过了双轨路线的“蒙特利尔路线图”：在《京都议定书》框架下，157个缔约方将启动《京都议定书》2012年后发达国家温室气体减排责任谈判进程。在UNFCCC基础上，189个缔约方就探讨控制全球变暖的长期战略展开对话，以确定应对气候变化所必须采取的行动
COP12/CMP2	2006年11月	肯尼亚	内罗毕	达成包括“内罗毕工作计划”在内的几十项决定，以帮助发展中国家提高应对气候变化的能力。在管理“适应基金”的问题上取得一致，基金将用于支持发展中国家具体的适应气候变化活动
COP13/CMP3	2007年12月	印度尼西亚	巴厘岛	通过了里程碑式的“巴厘岛路线图”：在2005年蒙特利尔会议的基础上，进一步确认了《联合国气候变化框架公约》和《京都议定书》下的“双轨”谈判进程。按照双轨制要求，一方面，签署《京都议定书》的发达国家要执行其规定，承诺2012年以后的大幅度量化减排指标；另一方面，发展中国家和未签署《京都议定书》的发达国家则要在《联合国气候变化框架公约》下采取进一步应对气候变化的措施

续表

会议名称	时间	举办国家	举办城市	成就
COP14/CMP4	2008年12月	波兰	波兹南	总结了“巴厘岛路线图”一年来的进程，正式启动2009年气候谈判进程，同时决定启动帮助发展中国家应对气候变化的适应基金
COP15/CMP5	2009年12月	丹麦	哥本哈根	发表了《哥本哈根协议》，决定延续“巴厘岛路线图”的谈判进程，授权UNFCCC及《京都议定书》两个工作组继续进行谈判，并在2010年底完成工作。《哥本哈根协议》表达了各方共同应对气候变化的政治意愿，锁定了已达成的共识和取得的成果，推动谈判向正确方向迈出了一步。同时提出建立帮助发展中国家减缓和适应气候变化的绿色气候基金
COP16/CMP6	2010年11—12月	墨西哥	坎昆	重申“共同但有区别的责任”原则，确保了2011年的谈判继续按照“巴厘岛路线图”确定的双轨方式进行。就适应、技术转让、资金和能力建设等发展中国家所关心问题的谈判取得了不同程度的进展
COP17/CMP7	2011年11—12月	南非	德班	同意延长5年《京都议定书》的法律效力(原定于2012年失效)，就实施《京都议定书》第二承诺期并启动绿色气候基金达成一致。大会同时决定建立德班增强行动平台特设工作组，即“德班平台”，在2015年前负责制定一个适用于所有公约缔约方的法律工具或法律成果
COP18/CMP8	2012年11—12月	卡塔尔	多哈	就2013年起执行《京都议定书》第二承诺期及第二承诺期以8年为期限达成一致，从法律上确保了《京都议定书》第二承诺期在2013年实施。通过了有关长期气候资金、UNFCCC长期合作工作组成果、德班平台以及损失损害补偿机制等方面的多项决议

续表

会议名称	时间	举办国家	举办城市	成就
COP19/CMP9	2013年11月	波兰	华沙	发达国家再次承认应出资支持发展中国家应对气候变化。就损失损害补偿机制问题达成初步协议,同意开启有关谈判
COP20/CMP10	2014年12月	秘鲁	利马	就2015年巴黎气候大会协议草案的要素基本达成一致。就2020年后国家气候行动计划的信息披露范围达成一致
COP21/CMP11	2015年11—12月	法国	巴黎	通过了《巴黎协定》:对2020年后全球应对气候变化的行动作出统一安排,各国承诺将采取行动以将全球升温控制在高出工业化前水平2℃的范围内,并尽量控制在1.5℃范围内;在尊重"共同但有区别的责任"原则上,让全球几乎所有国家都提出减排目标
COP22/CMP12/CMA1	2016年11月	摩洛哥	马拉喀什	各方就《巴黎协定》落实的具体谈判作出后续安排,并就气候资金、技术、能力建设支持的承诺和各国国家自主贡献展开谈判
COP23/CMP13/CMA1—2	2017年11月	德国	波恩	会议两大目标明确:确定各成员国减排路线图及发达国家如何保障向发展中国家提高援助资金。结果是两个目标都未达成
COP24/CMP14/CMA1—3	2018年12月	波兰	卡托维兹	会议商定了实施《巴黎协定》的规则,明确了政府如何衡量并报告其减排成果。确定了将一些问题推迟到下一次会议讨论,例如各国如何扩大现有减排承诺、如何为贫穷国家提供财政帮助等
COP25/CMP15/CMA2	2019年12月	西班牙	马德里	会议非常不成功,主因是各国在关于碳排放交易市场与有关因气候危害造成的损失和损害赔偿等问题上未达成一致,且矛盾较大

续表

会议名称	时间	举办国家	举办城市	成就
COP26/CMP16/CMA3	2021年11月	英国	格拉斯哥	达成《格拉斯哥气候协议》，各缔约方认可“将气温上升控制在1.5 ℃之内”的目标；承诺到2030年将全球二氧化碳排放量削减将近一半。各国还同意加快减排步伐，在2022年提出新的国家自主贡献排放目标，并接受一年一度的审查，确认目标完成进度
COP27/CMP17/CMA4	2022年11月	埃及	沙姆沙伊赫	在发展中国家高度关切的适应、损失与损害问题上取得了阶段性进展。建立了“损失与损害”基金，为贫穷国家因气候变化而遭受的损失与损害买单。基金的具体运作细节仍有待日后讨论
COP28/CMP18/CMA5	2023年11—12月	阿联酋	迪拜	各国达成协议，一起着手减少全球对化石燃料的依赖；正式启动损失损害基金和一揽子脱碳计划

注：①COP：UNFCCC Conference of the Parties，《联合国气候变化框架公约》缔约方大会。

②CMP：Conference of the Parties serving as the meeting of the Parties to the Kyoto Protocol，《京都议定书》缔约方会议。

③CMA：Conference of the Parties serving as the meeting of the Parties to the Paris Agreement，《巴黎协定》缔约方会议。

欧盟成员国应对气候变化行动与碳中和承诺

欧盟的成员国在欧盟气候政策的基础上，往往会提出更加积极的实施方案和行动计划。21世纪初，德国政府便出台了一系列国家长期减排战略、规划和行动计划，如2008年《德国适应气候变化战略》、2011年《适应行动计划》及《气候保护规划2050》等。在此基础之上，德国政府又通过了一系列法律法规，如《联邦气候保护法》《可再生能源优先法》《可再生能源法》《国家氢能战略》等，其中2019年11月15日通过的《气候保护法》首次以法律形式确定德国中长期温室气体减排目标，包括到2030年应实现温室气体排放总量较1990年至少减少55%。此外，为进一步落实具体行动计划，德国政府于2019年9月20日通过《气候行动计划2030》，计划对每个产业部门的具体行动措施进行明确规定。德国联邦议院于2021年6月通过了《联邦气候保护法》修订案，将2030年减排目标上调至 65%，提出 2040 年减排目标为 88%，将碳中和的时间从 2050 年提前到了 2045 年，2050 年之后实现负排放。2022 年 7 月，德国联邦议会通过“复活节一揽子”能源计划，其实质是针对 2000 年首次发布的《德国可再生能源优先法》的再次修订，其中强调：截至 2030 年，光伏总装机量将从目前的 60 GW 提升到 215 GW，陆上风电装机量将达到 115 GW。

法国政府也为碳中和目标做出持续性努力。2007 年 5 月萨科齐执政法国之后，把环保和可持续发展当作政府工作重中之重。根据他的提议，新内阁中设立环保和可持续发展部，负责人地位高于其他部长，相当于副总理级。这样的高级别设置凸显了法国对环保和气候议题的重视。2009 年，凭借自己在非洲的影响力，法国与非洲气候谈判首席代表发表一份“共同呼吁书”推动了非洲国家参与应对气候变化的进程。2015 年，法国政府通过《绿色增长能源转型法》，构建了法国国内绿色增长与能源转型的时间表。同年，法国又提出《国家低碳战略》，由此建立了碳预算制度。2018 年至 2019 年间，法国政府对该战略进行了修订，调整了 2050 年温室气体排放减量目标。2019 年 11 月，法国颁行《能源与气候法》。法案确定了法国国家气候政策的宗旨、框架和举措。法案宗旨在于应对生态和气候紧急情况，并将 2050 年实现碳中和的政策目标固化为法律。内容主要包括以下四个方面：逐步淘汰化石燃料，支持发展可再生能源；通过规范引导，对高能耗住房建筑进行渐进式强制性的温室气体减排改造；通过引入国家低碳战略和“绿色预算”制度，监督和评估气候政策的具体落实；降低天然气的销售关税，减少对核电的依赖，实现电力结构多元化。近几年，法国又陆续出台、实施了《多年能源规划》和《法国国家空气污染物减排规划纲要》。

北欧五国（芬兰、瑞典、挪威、丹麦和冰岛。其中挪威和冰岛不属于欧盟，但我们在此处一并介绍）应对气候变化的态度也很积极，制定的实现碳中和目标的时间早于世界其他国家，是碳中和进程的先锋。在 2018 年 10 月 IPCC 发布《全球升温 1.5 ℃》后，北欧五国积极响应，于短短 3 个月后的 2019 年 1 月在芬兰首都赫尔辛基签署了一份应对气候变化的联合声明，表示“将合力加大应对气候变化的力度，争取比世界其他国家更快实现碳中和目标”。北欧五国计划实现碳中和目标的时间分别为丹麦 2050 年、瑞典 2045 年、冰岛 2040 年、芬兰 2035 年、挪威 2030 年。北欧五国的能源转型进程在全球居于领先地位，可再生能源在终端能源消费中的占比远高于欧盟 20%的平均水平。北欧国家之所以领先，在于技术创新和有低碳导向的创新财税体系。最具代表性的便是北欧电力市场的建设。

北欧电力市场指的是北欧国家的通用电力市场，是欧洲发展最早、最完善的电力市场，也是目前世界上运营最稳定、电力商品最丰富的电力市场。北欧电力交易所是北欧电力市场的核心，为欧洲15个国家提供电力现货日前市场和电力现货日内市场交易、清算、结算和相关服务。北欧电力市场最早开始于1991年挪威电力市场改革建立的电力交易所，瑞典、芬兰和丹麦陆续在1996年至2000年加入，初步形成了以北欧电力交易所为核心的北欧电力市场。2000年之后，北欧电力市场进行了重要改革，实现了现货市场、期货市场的分离，在欧洲取得进一步拓展。北欧电力交易所2018年和2019年交易量大体平稳，2020年交易量实现了近一番的大幅度增长。北欧电力市场有效促进了风电消纳，得益于以下三个优势。①北欧电力交易所可以通过跨国互联电网，调剂各国发电能力的余缺。例如在某个寒冷的冬季，由于核电站停运和河流的低水位，瑞典电力生产处于历史低位。又例如某次每秒超过25 m的风使丹麦的风力发电机停顿，导致超过2000 MW的电力生产骤停，进而导致丹麦输送到德国的电力不足。在这两种情况下，北欧电力互联系统都成功做出反应，通过强大的网架调整余缺，确保了受影响国家的电力供应保持在正常水平。②北欧电力交易所可以通过跨国互联电网，调节水电、风电等各类发电资源的契合度。丹麦风电与挪威水电的契合非常有代表性。丹麦风力发电功率存在较大的波动。晚上时段，用电负荷降低，而风力往往较大，风力发电量甚至会超过全国用电负荷（见图2-11）；白天时段，用电负荷上升，而风力往往减弱。在这种情况下，丹麦选择在风电出力高峰时向挪威输电，在风电出力不足时购买挪威的水力发的电，以灵活的水电调节间歇性的风电，助力消纳高比例风电。③北欧电力市场灵活的电价机制大大提高了电力系统的灵活性。在小时级实时电价机制下，电厂能够考虑电需求和热需求的变动，提前调整发电策略，准备应对相应的电价波动。这种变动电价情况下的热电联产运营策略是智慧电厂的一项核心内容。

图2-11　丹麦Anholt海上风电场是世界上最大的海上风电场之一

（图片来源：维基百科 Katrin Scheib）

所以，北欧电力市场的制度创新对于其他国家或地区利用国际互联电网调动各种灵活性资源、提高可再生能源消纳能力很有借鉴意义。北欧电力市场从瑞典、挪威共建的跨国电力交易中心到涉及欧洲15个国家的电力现货市场,其经验对中国打破电力交易省际壁垒有很大的参考价值和借鉴意义。

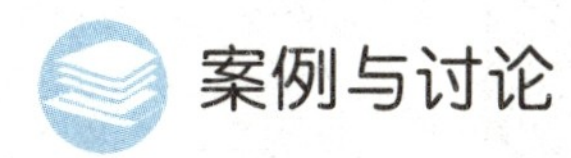

案例与讨论

案例1:瑞典气候女孩

2019年12月11日,美国《时代》周刊2019年度人物评选结果揭晓,来自瑞典的16岁"环保少女"格雷塔·通贝里(Greta Thunberg)当选,成为年龄最小的年度人物得主 。

2018年8月,瑞典遭遇了百年不遇的森林大火。她强烈要求瑞典政府严格按照《巴黎协定》减少碳排放,并连续三周到瑞典议会大厦门口抗议。她发起"星期五为未来"(Fridays for Future)气候保护活动(见图2-12),迅速蔓延到多个欧洲国家。经过社交媒体的传播,澳大利亚、英国、比利时、美国、日本等地有超过2万名青少年模仿她,每周五规律罢课,走上街头抗议。2018年12月12日,在第二十四届联合国气候变化大会上,格雷塔在发言中表述:"你说你最爱自己的孩子,然而,你却在孩子眼前偷走了他们的未来。"2019年8月,格雷塔乘坐"零排放游艇",历时15日从英国抵达美国纽约参加联合国气候行动峰会。2019年9月,400万人受她的启发参加了全球气候大罢工。《时代》周刊评价称,这是"人类历史上规模最大的环保示威运动"。2019年9月23日,在美国纽约举行的联合国气候行动峰会上,格雷塔当着世界各国领导人的面,再次指责政客们在环保气候问题上的不作为。2020年底,美国影视公司Hulu为她制作了纪录片《我是格蕾塔》。2021年11月,格雷塔在格拉斯哥开幕的第二十六届联合国气候变化大会会场外举行示威活动,抗议世界各国领导人在应对气候危机方面缺乏行动。2023年1月,她在德国北莱茵-威斯特法伦州为了反对能源公司扩大开采煤矿,参与示威期间被捕,并于被捕当晚释放。

格雷塔·通贝里得到了一众名流的赞扬,其中包括美国前总统巴拉克·奥巴马、加拿大作家和环保分子内奥米·克莱因、加拿大小说家玛格丽特·阿特伍德和英国自然电视节目主持人大卫·阿滕伯勒。美国前国务卿希拉里·克林顿也在社交媒体表示认可《时代》周刊的评选结果,并表示"想不出比格雷塔·通贝里更好的年度人物人选"。

批评人士则认为格雷塔·通贝里的行为幼稚且狂热,而且没有对气候问题的解决途径发表过清晰观点。2019年10月,俄罗斯总统普京公开表态称格雷

图 2-12 “星期五为未来”活动

塔·通贝里是被成年人利用的无知青年。“没有人向她解释,现代世界是复杂且不同的,生活在非洲和很多亚洲国家的民众想要生活在与瑞典同等财富水平的国家之中,那应该怎么做呢?”除此之外,巴西前总统博尔索纳罗、美国前总统特朗普、英国主持人杰里米·克拉克森也曾公开批评过格雷塔。

2022 年 8 月 20 日,格雷塔发文表示,“我于 2018 年 8 月 20 日开始,自那时以来已经过去了 4 年。我们还在这里,气候危机仍然没有出现改变”,并表示将继续为气候变化发声。

你如何评价格雷塔·通贝里的做法和行为?青年人可以采取什么样的办法来为碳减排贡献自己的力量?

案例 2:欧洲的行动

欧洲委员会于 2019 年 12 月 11 日发布了《欧洲绿色新政》(European Green Deal),旨在 2050 年使欧洲成为第一个“气候中和”大陆,率先实现碳中和,并提出欧盟 2030 年的二氧化碳排放量将在 1990 年的基础上减少 50%～55%,高于上届欧盟委员会制定的“2020 年将温室气体排放削减 20%,2030 年至少削减 40%”的目标。

除提出主要目标外,《欧洲绿色新政》还提出六大绿色行动计划,分别是新工业战略和循环经济行动计划、绿色建筑节能改造计划、2050 年实现“环境零污染目标”、保护生态系统和生物多样性、从农场到餐桌的可持续食物战略和交通运输行业零排放计划。同时,还提出四大支撑保障措施,包括构建第一部欧洲气候法案(European Climate Law)、设立“公正的过渡基金”、加大技术研发与创新和对外关系与国际合作。除此之外,还在附件中列举了超过 50 项具体政策,几乎涉及所有经济领域,尤其是交通、能源、农业、建筑业等领域的多个行业。

英国在应对气候变化工作上也有丰富的经验。2020 年,英国碳排放量相比

1990年下降了49%。2017年,英国人均碳排放量已经降到6.9吨,并且每年还在以较快的速度下降。英国温室气体大幅减排的原因是煤电大幅减少。2020年的数据表明,近10年期间,英国发电结构中最大的变化是煤电,其占比从2012年的43%下降到2015年的25%,到了2020年煤电占比降至1.6%。英国为改变国家电力结构做了很多工作。自20世纪90年代开始,英国通过政策激励和财政补贴大力发展可再生能源。2002年4月1日引入的《可再生能源义务》要求所有向终端用户供电的电力供应商从合格的可再生能源生产商处购买特定比例的清洁电力。同时,对风电、光伏发电采取一系列快速降本措施和补贴,导致风光装机容量快速增长,提前实现了英国政府设定的2020年可再生能源发电量占比达到30%的目标。

英国电力系统在退煤的过程中,主要发展的零碳电力是风电,尤其是陆上风电。英国处在常年多风的西风带,风力资源十分优越,英国的海上风电装机容量居世界第一。除此之外,由于成本降低和政府补贴,英国近年来光伏装机容量迅速增加。总而言之,英国已经完成电力系统50%的电力脱碳。未来,通过利用优越的风力资源发展风电,同时扩大光伏系统的安装规模,英国有望实现电力系统净零碳排放的目标。

欧盟和英国在应对气候变化上的行动对中国有什么启示?谈谈你的看法。

习题

一、单选题

1. 世界气象组织(WMO)与联合国环境署(UNEP)合作建立了一个国际科学机构——__________,定期发布气候变化评估报告。

A. 政府间气候变化专门委员会(IPCC)

B. 联合国气候变化大会(UNCCC)

C. 绿色和平(Greenpeace)

D. 联合国可持续发展委员会(CSD)

2. 1995年,IPCC第二次评估报告出炉,报告指出,__________排放是人为导致气候变化的最重要因素,并表示气候变化带来许多不可逆转的影响。

A. 甲烷　　B. 一氧化碳　　C. 二氧化碳　　D. PM2.5颗粒

3. IPCC发布的__________引起了全世界空前的关注,因为报告称观测到的全球平均地面温度升高非常可能是由于人为排放的温室气体浓度增加导致的(可能性达到90%),报告发布同年IPCC获得诺贝尔和平奖。

A. 第一次评估报告　　B. 第三次评估报告

C. 第四次评估报告　　　　　　　　D. 第六次评估报告

4. __________是世界上第一个为全面控制温室气体排放，以应对全球气候变化带来不利影响的国际公约。

A.《京都议定书》

B.《巴黎协定》

C.《联合国温室气体浓度框架公约》

D.《联合国气候变化框架公约》

5. 以下关于《京都议定书》说法不正确的是__________。

A.《京都议定书》是建立在共同但有区别的原则上，将各国的减排义务进行落地的一种方案

B. 发达国家与发展中国家都有强制的减排义务，可以通过帮助发展中国家减排来获取相应的减排权来实现减排目标

C.《京都议定书》提到的清洁发展机制使碳减排从一种社会行为变成可以产生经济效益的市场行为，碳交易市场也由此拉开帷幕

D. 即便有各种不利的因素存在，《京都议定书》仍可以说是一次成功的尝试，人类对于解决共同的问题还是有可能达成协议并执行下去

6. 以下关于《巴黎协定》说法不正确的是__________。

A.《巴黎协定》要求各国采取行动以将全球升温控制在高出工业化前水平 2 ℃的范围内，并尽量控制在 1.5 ℃的范围内

B.《巴黎协定》约定了“棘齿锁定”的机制，各国可以在现有减排承诺的基础上随时提高目标，但不可降低，以此保障减排进程“只进不退”

C.《巴黎协定》只要求缔约方中的发达国家提交国家自主贡献 NDC，特地设立了透明度标准和定期回顾机制，以促进发达国家有效执行条约

D.《巴黎协定》有一项重要但是悬而未决的事情，就是其第六条关于国际间在为实现 NDC 而实施合作项目时，如何互认减排量的问题

7. 每个国家的碳排放所处的阶段不同，全球有__________个国家已实现碳达峰。

A. 5　　　　B. 20 多　　　　C. 50 多　　　　D. 70 多

8. 以下国家或地区在应对气候变化问题上最积极的是__________。

A. 美国　　　　B. 欧盟　　　　C. 日本　　　　D. 印度

9. 以下关于欧盟应对气候变化问题说法不正确的是__________。

A. 欧盟在 2021 年通过了欧盟碳边境调节机制(CBAM)的决议，未来将对不符合碳排放规定国家进口的商品征收碳关税

B. 欧盟温室气体排放贸易机制 EU ETS 是世界上第一个最大的跨国二氧

化碳交易项目

C. 欧盟委员会通过了《欧洲气候法》提案，旨在从法律层面确保欧洲到2050 年实现碳中和

D. 进入《巴黎协定》时代后，欧盟应对气候变化的积极性有所减弱，碳中和目标推迟 5 年

10. 以下关于英国应对气候变化问题说法不正确的是__________。

A. 英国创造了许多有效的减排工具，其中最有代表性的就是他们在 2002 年自发建立的英国碳排放交易体系——世界上最早的碳排放交易市场

B. 英国新修订的《气候变化法案》正式确立到 2050 年实现碳中和

C. 英国受“脱欧”和新冠疫情拖累，希望通过“绿色经济”来促进就业，提升区域发展不平衡以及推动产业升级

D. 英国作为一个岛国，四面环海，其地理位置决定了它不容易受全球变暖的负面影响

11. 以下关于美国应对气候变化问题说法不正确的是__________。

A. 美国每届政府对待环境的态度大相径庭，这种不确定性极大地影响了全球应对气候变化的进程

B. 美国的气候和能源政策目标是在 2050 年实现碳中和，由传统能源独立向清洁能源独立是其战略路径

C.《清洁电力计划》方案将对美国温室气体排放施加更严格的限制，并成为迄今美国应对气候变化迈出的“最重要”一步

D. 特朗普政府积极加入《巴黎协定》。2020 年 4 月，特朗普发布了新的车辆排放标准，每年减排 10 亿吨二氧化碳

12. 以下关于日本应对气候变化问题说法不正确的是__________。

A. 20 世纪 80 年代开始到 21 世纪初，日本成为应对气候变化的“旗手”

B. 2020 年 10 月，日本宣布了日本到 2050 年实现碳中和的目标

C. 2010 年后，日本对《京都议定书》第二承诺期仍持有积极主动的态度

D. 1997 年，日本积极推动《京都议定书》的通过

13. 以下关于俄罗斯应对气候变化问题说法不正确的是__________。

A. 俄罗斯对待气候变化议题的态度可以用“实用主义”和“日益重视”两个词概括

B. 2012 年后俄罗斯在气候外交中变得更加积极主动，而其动因也是为了在冰冷的俄罗斯-西方关系中创造彼此沟通的渠道

C. 俄罗斯仍未向国际社会承诺实现碳中和的时间与计划

D. 2002 年，俄罗斯批准通过《京都议定书》，俄罗斯的加入最终使得人类历

史上首次以法律形式限制温室气体排放的国际条约得以生效

14. 以下关于印度应对气候变化问题说法正确的是__________。

A. 印度目前没有宣布碳中和目标的时间

B. 印度碳中和目标为 2070 年

C. 印度碳中和目标为 2080 年

D. 印度碳中和目标为 2090 年

15. 以下关于韩国应对气候变化问题说法不正确的是__________。

A. 韩国属于《京都议定书》规定要求减排的国家

B. 韩国自 2015 年起正式运行 ETS 碳排放交易市场

C. 签署《巴黎协定》后，韩国应对气候变化的态度变得更为积极

D. 2020 年，韩国宣布 2050 年实现碳中和

二、简答题

1. 全球气候命运共同体有哪三个特点？

2. 气候变化首次作为国际议题被提上全球议程的是哪次会议？中国代表团是否参与了此次会议？

3. IPCC 下设三个工作组，分别对应对气候变化的哪三个方面进行评估？

4. 为什么说《巴黎协定》没有明确的有效期？

5.《京都议定书》的通过是建立在一个什么样原则上的？

第 2 章习题答案

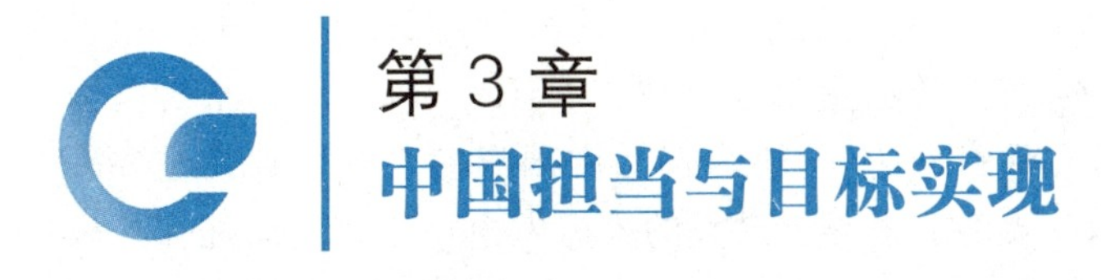

第3章 中国担当与目标实现

导读

2006 年，我国超越美国成为全球第一大二氧化碳排放国。“双碳”目标的实现对我国来说是一个严峻挑战，但也蕴含着巨大机遇。电力、交通、钢铁等高排放行业纷纷出台减排政策，促进产业升级，助力“双碳”目标的实现。

早在 1979 年，中国参加第一次世界气候大会就拉开了我国应对气候变化的序幕。在国际气候谈判中，我国逐渐从一个普通的发展中国家角色转变为应对气候变化行动的积极推动者和坚定践行者。中国始终高度重视相关问题，一直以来，结合自身经济发展的阶段，及时地调整应对气候变化的政策，积极地履行相应的国际减排义务。

3.1 中国应对气候变化行动

3.1.1 中国的碳排放

1904 年至 2004 年的 100 年间，中国二氧化碳排放量只占全球的 8%。进入 21 世纪后，二氧化碳排放量随着经济的快速发展而快速增加。2006 年，中国首次超过了美国成为世界最大的二氧化碳排放国，二氧化碳排放问题愈加凸显。2022 年，中国碳排放量累计 110 亿吨，约占全球碳排放量的 28.87%，相较 2021 年，碳排放有所下降。由于煤炭使用量增加，仅能源燃烧产生的排放量就增加了 8800 万吨，但工业过程排放量的下降抵消了这一增长。2022 年，建筑业新开工面积同比下降约 40%，而钢铁和水泥产量仅比 2021 年分别下降 2%和 10%。与全球交通部门排放量的增长形成鲜明对比的是，2022 年中国交通部门的排放量下降了 3.1%。与此同时，2022 年电动汽车销量达到 600 万辆，阻止了柴油车和汽油车的进一步排放。这些都是导致碳排放下降的原因，但如果没有持续的下降，这个过程还不能称为碳达峰。

结合历年的数据分析，中国的碳排放量中约50%的二氧化碳排放来自工业部门，40%来自电力部门，约10%来自交通部门。这种碳排放结构与大多数发达国家不同。在美国，大约22%的温室气体排放来自工业部门，28%来自电力部门，29%来自交通部门。到目前为止，燃煤仍是中国温室气体排放的主要来源，2018年排放量约为7.5吉吨。世界上最大的火力发电厂中国大唐托克托发电厂，如图3-1所示。

图3-1　世界上最大的火力发电厂——中国大唐托克托发电厂

为了在经济稳步发展的同时实现“双碳”目标，单位GDP的二氧化碳排放(碳排放强度)必须下降，实现二氧化碳排放量与GDP脱钩是实现“双碳”目标的关键。截至2019年底，中国单位国内生产总值二氧化碳排放同比2005年降低约47.9%，非化石能源占能源消费总量比重达15.3%，提前完成我国对外承诺的到2020年目标，扭转了二氧化碳排放快速增长的局面。各省份的排放情况则各有特征。山东与河北一直是中国的排放大省，其中山东省的排放量从2003年至今一直居于首位，2018年占到了全国排放总量的10%，在过去的20年间碳排放增长了580%。高排放省份的排名几乎没有变化，1997年到2018年，10个高二氧化碳排放省份在全国排放总量的占比从53%增长到58%。在全国所有省份中，山东、河北、江苏、广东四个省的排放量占比高达31%。海南、青海和宁夏一直属于低排放省份，在1997年至2018年，保持全国排放量最低的前三名。长三角、京津冀、粤港澳大湾区这些先进地区如果能够早日达峰，并在地方和具体行业的中长期规划中列出明确的时间线和行动方案，将对我国的碳达峰碳中和目标做出重大贡献。

3.1.2　中国应对气候变化演进史

1. 早期行动

早在1979年，中国就参加了世界气象组织的第一次世界气候大会，由此拉开了我国应对气候变化的序幕。1979年2月，WMO在瑞士日内瓦召开第一次世界气候大会，重点讨论了大气中温室气体浓度提升将导致地球升温的问题。中国气象学会副理事长谢义炳率4人代表团出席了会议，这是中国第一次参加以温室气体浓度升高为核心议题的国际大会。1990年，中国在国务院环境保护委员会下设立了国家气候变化协调小组，参加有关国际谈判，制定和协调应对气候变化的政策措施，这也意味着中国开始用行动去应对气候变化。

2. 发展中国家的角色

1992年，联合国政府间谈判委员会在纽约联合国总部完成了《联合国气候变化框架公约》(UNFCCC)，时任国务院总理李鹏代表中国政府签署该公约。1992年11月7日，全国人大批准UNFCCC。1993年1月5日，中国政府将批准书交存联合国秘书长处，UNFCCC自1994年3月21日起对中国生效。中国强调框架公约对发达国家和发展中国家规定的义务及履行义务的程序有所区别，应遵循"共同但有区别的责任"原则。同年，人大公报提出，注意到历史上和目前全球温室气体排放的最大部分源自发达国家，发展中国家的人均排放仍相对较低，发展中国家在全球排放中所占的份额将会增加，以满足其社会和发展需要。

中国于1997年12月11日在日本东京第三次缔约方大会上参与通过了《京都议定书》，但中国的谈判立场坚定，表示需要排放空间，作为发展中国家不承诺、不承担与经济发展不相适应的国际义务。然后，中国于1998年5月签署，并于2002年8月核准了该议定书，承诺2005年2月16日正式生效。

《京都议定书》生效对中国有利有弊。短期内对中国有利，因为《京都议定书》规定了一种独特的贸易——如果一国的排放量低于条约规定的标准，则可将剩余额度卖给完不成规定义务的国家，以冲抵后者的减排义务。在发达国家完成二氧化碳排放项目的成本比在发展中国家高出5倍至20倍，所以发达国家愿意向中国(以及其他发展中国家)转移资金、技术，提高他们的能源利用效率和可持续发展能力，以此履行《京都议定书》规定的义务。不过，《京都议定书》的实施对中国经济也有负面效应，"后京都时代"中国压力倍增。中国在当时仍属于典型的发展中国家，经济发展快而不稳定。发达国家把碳密集产品和高能耗项目向我国转移，这些产业被大规模转移进来，中国在第一个、第二个承诺期(第一个承诺期2008—2012年，第二个承诺期2013—2020年)可以不履行《京都议定书》，但第三个承诺期到来时，中国却可能被投资"锁住"。如果把这些产业再转移出去，对就业、再就业和经济发展将有很大的冲击。

1998年，国家气候变化协调小组更名为国家气候变化对策协调小组。国家气候变化对策协调小组参与相关国际谈判，制定气候政策，这表明中国政府将气候问题视为一项重要的发展问题来应对。

3. 经济与碳排放高速增长期的应对策略

中国于2001年12月11日正式加入世界贸易组织，成为世贸组织第143名成员国，从此开启了中国在更大范围和更深程度参与经济全球化的历史新篇章。加入世界贸易组织后，中国经济长期稳定高速发展，GDP年年创新高，与此相伴、不可避免的是能源消耗和碳排放的高速增长。2006年，中国历史上第一次年度温室气体排放超越美国，成为全球第一。

为提高应对气候变化的能力，中国在这个时期发布了多个政策文件。2001年开始，国家气候变化对策协调机构组织了《中华人民共和国气候变化初始国家信息通报》的编写工作，并于2004年底向UNFCCC第十次缔约方大会正式提交了该报告。2007年中国制定并公布了《中国应对气候变化国家方案》，该方案明确了到2010年中国应对气候变化的具体目标、基本原则、重点领域及其政策措施。

在此阶段，发展经济、消除贫困仍然是中国以及其他发展中国家压倒一切的首要任务。在此期间，中国坚持以保障经济发展为核心，以节约能源、优化能源结构、加强生态保护和建设为重点，以科学技术进步为支撑，不断提高应对气候变化的能力，为保护全球气候做出新的贡献。我国强调，中国会遵循UNFCCC规定的“共同但有区别的责任”原则。根据这一原则，发达国家应带头减少温室气体排放，并向发展中国家提供资金和技术支持；发展中国家履行公约义务的程度取决于发达国家在这些基本的承诺方面能否得到切实有效的执行。

4. 全球气候变化谈判低潮期的中国

受到2008年金融危机影响，全球GDP与温室气体增长放缓。与此同时，中国经济却在稳步增长，相应地，温室气体的排放也在持续增长。中国表态在不影响发展的情况下，积极应对气候变化。2008年至2009年间，各国在《京都议定书》第二期减排问题上进行了多次艰难谈判，进展缓慢。

图3-2 “G77国”标志

在全球气候变化谈判的低潮期，中国的盟友越来越少，指责中国的声音越来越多。在很长一段时间里，全球气候谈判的“G77国”(见图3-2)是国际政治舞台上活跃已久的一股力量，是一个发展中国家团结反对超级大国控制、剥削、掠夺的同盟，“G77国+中国”的利益共同体更是常态。但在这一阶段，伞形集团(欧盟以外的其他发达国家)一直试图从内部瓦解发展中国家。他们提出发展中国家应承担减排责任，要求对发展中国家进行重新分组，以改变京都气候机制对发达国家和发展中国家气候责任

“不公平的划分”。美国提出将发展中国家分为中国等新兴市场国家和最不发达国家两类。这样的策略起到了一定的成效，在谈判中，发展中国家阵营中逐步形成了基础四国(BASIC)、独立拉丁美洲和加勒比国家联盟(AILAC)和小岛屿国家联盟(AOSIS)等小团体，不少欠发达国家将矛头指向中国、印度、巴西这样的昔日盟友。中国和大多数发展中国家自京都会议以来一直在全力维持发达国家拥有控制其温室气体的特定义务，而发展中国家却没有这些义务。义务上的差别酿成了中国和印度等新兴经济体与欧盟和美国等发达经济体之间的矛盾，后者的反击也是必然的。

中国在哥本哈根会议上首次被指责拖累国际气候变化谈判，须知这种指责之前一直是指向美国的。法国总统尼古拉·萨科齐公开宣称，会谈的进程受到中国的阻挠。英国能源和气候变化大臣埃德·米利班德在《卫报》写道，以中国为头领的一组国家“劫持”了气候谈判，不时向公众展现了“滑稽可笑的景象”。然而事实是，哥本哈根会议之前和会议期间，中国主动与印度及其他发展中大国联合起来，充分利用了自身作为世界最大碳排放国的优势地位，试图争取到对自己有利的协议。随着国内和国际局面的变化，中国一直在调整立场，中国所提出的减排目标甚至比之前已统一的目标更加严格。中国的高昂代价在公开场合换得了印度和巴西等盟友的支持，但这些国家的代表私下承认，当时的谈判基本就是中国在坚持。

尽管全球气候变化谈判进入低潮期，中国仍在为应对气候变化做出努力。2011年，中国首次从国家层面发布关于应对气候变化的白皮书《中国应对气候变化的政策与行动(2011)》。白皮书提到，中国是最易受气候变化不利影响的国家之一，全球气候变化已对中国经济社会发展产生诸多不利影响，成为可持续发展的重大挑战。中国政府一贯高度重视气候变化问题，把积极应对气候变化作为关系经济社会发展全局的重大议题，纳入经济社会发展中长期规划。“十二五”(2011—2015年)时期，中国将应对气候变化纳入国民经济社会发展规划。2013年11月，中国发布第一部专门针对适应气候变化的战略规划《国家适应气候变化战略》。除了发布应对气候变化的白皮书，国家发改委还在2011年选择北京、天津、上海、重庆、湖北、广东及深圳7个省市开展试点碳排放交易市场建设。2013年，深圳率先启动试点碳市场，之后上海、北京、广东、湖北、重庆试点碳市场相继启动。

5. 中国主动、积极地参与气候问题讨论

2015年是全球气候变化国际多边谈判进程中的关键一年。2015年9月，习近平主席出席联合国发展峰会期间承诺，中国将进一步加大控制温室气体排放力度，争取到2020年实现碳强度降低40%～45%的目标。同年12月12日在第21届联合国气候变化大会上,《巴黎协定》获得通过。中国在“国家自主贡献”中提出将于2030年左右使二氧化碳排放达到峰值并争取尽早实现,2030年单位国内生产总值二氧化碳排放比2005年下降60%～65%,非化石能源占一次能源消费比重达到20%左右,森林蓄积量比2005年增加45亿立方米左右。从这一阶段开始,中国在国际气候变化谈判中扮演积极主动的领导者和推动者的角色。

2016年4月22日,时任国务院副总理张高丽作为习近平主席特使在《巴黎协定》上签字。9月3日,全国人大常委会批准中国加入《巴黎协定》。同年,四川碳市场和福建碳市场开市。其中,四川碳市场不进行配额交易,福建碳市场重点关注碳汇和林业,开发了自有的省级抵消机制。多样化的试点区域市场的开立,为建设更加成熟的碳市场体制提供了经验。

2017年底,全国碳市场完成总体设计。《全国碳排放权交易市场建设方案(发电行业)》明确了碳市场是控制温室气体排放的重要工具,碳市场的建设将以发电行业为突破口,分阶段稳步推进,即分基础建设期、模拟运行期、深化完善期三个阶段建设全国碳市场。启动全国碳排放交易体系,建设全国碳排放权交易市场,是我国利用市场机制控制和减少温室气体排放、推动绿色低碳发展的一项重大创新实践。试点范围内碳排放总量和强度出现了双降趋势,起到了控制温室气体的作用,而且试点积累的经验和发现的问题都对全国碳市场的设计和建设具有重要的参考作用。

2018年3月,第十三届全国人大一次会议通过了《中华人民共和国宪法修正案》,把生态文明和美丽中国写入《中华人民共和国宪法》,这就为生态文明建设提供了国家根本大法的遵循。同时,党的十九大报告提出的改革生态环境监管体制、着力解决突出环境问题、加大生态系统保护力度、推进绿色发展等措施,也集中体现了生态文明建设的内在要求。涉及建设生态文明和美丽中国的共有5条。一是增加了贯彻新发展理念的要求;二是将“推动物质文明、政治文明和精神文明协调发展”修改为“推动物质文明、政治文明、精神文明、社会文明、生态文明协调发展”;三是在“把我国建设成为富强、民主、文明的社会主义国家”中增写了和谐美丽,完整表述为“把我国建设成为富强民主文明和谐美丽的社会主义现代化强国,实现中华民族伟大复兴”;四是在国务院行使的职权中增加了“生态文明建设”的职能;五是增加了“推动构建人类命运共同体”的要求。

6.“双碳”目标提出

2020年9月22日,习近平主席在第七十五届联合国大会一般性辩论上提出:“中国将提高国家自主贡献力度,采取更加有力的政策和措施,二氧化碳排放力争于 2030 年前达到峰值，努力争取 2060 年前实现碳中和。”2021 年 10 月 24 日，中共中央、国务院发布《中共中央 国务院关于完整准确全面贯彻新发展理念做好碳达峰碳中和工作的意见》；同年 10 月 26 日，国务院发布《2030 年前碳达峰行动方案》。“双碳”顶层设计文件的发布标志着中国进入主动应对气候变化目标阶段，用实际行动践行多边主义，为保护我们的共同家园、实现人类可持续发展作出贡献。具体“双碳”目标的内容、挑战与机遇、政策与路径，我们将在下一小节进行详细讨论。

3.2 中国碳达峰目标与碳中和愿景

3.2.1 “3060”承诺与标志性行动

如前所述，2020 年 9 月 22 日，习近平主席在第七十五届联合国大会一般性辩论上明确地提出“3060”承诺。推进碳达峰碳中和是党中央经过深思熟虑作出的重大战略决策，是我们对国际社会的庄严承诺，也是推动高质量发展的内在要求。2022 年，习近平总书记在十九届中央政治局第三十六次集体学习时再次强调，实现“双碳”目标，不是别人让我们做，而是我们自己必须要做。2022 年 10 月，党的二十大报告明确提出，“积极稳妥推进碳达峰碳中和”。报告指出要“先立后破”“有计划分步骤实施碳达峰行动”，在更高层面上肯定了“双碳”目标的战略意义。2023 年 7 月，在全国生态环境保护大会上，习近平总书记深刻阐述了新征程上推进生态文明建设需要处理好的五个重大关系，其中之一就是“‘双碳’承诺和自主行动的关系”：我们承诺的“双碳”目标是确定不移的，但达到这一目标的路径和方式、节奏和力度则应该而且必须由我们自己作主，决不受他人左右。

为实现“3060”承诺，2021 年 10 月，两份“双碳”顶层设计文件发布。一份是 10 月 24 日中共中央、国务院发布的《关于完整准确全面贯彻新发展理念做好碳达峰碳中和工作的意见》（简称《意见》），另一份是 10 月 26 日国务院发布的《2030 年前碳达峰行动方案》（简称《方案》）。“双碳”顶层设计文件设定了到 2025 年、2030 年、2060 年的主要目标，并首次提到 2060 年非化石能源消费比重目标要达到 80%以上。我们将在本书的第 4 章详细介绍这两份政策文件。

除了“双碳”政策文件高频发布外，我国碳市场建设也在 2021 年进入了新的阶段。2021 年 7 月 16 日，全国碳市场上线交易正式启动，上海负责交易系统建设，湖北武汉负责登记结算系统建设。至此，我国长达 7 年的碳排放权交易市场试点工作终于迎来了统一。碳市场最大的创新之处在于通过“市场化”的方式解决环境问题，通过发挥市场在资源配置中的决定性作用，在交易过程形成合理碳价并向企业传导，促使其淘汰落后产能或加大研发投资。中国碳市场的上线交易意义重大，将管理全球近三分之一的碳排放。根据上海环境能源交易所数据，2022 年度全国碳市场碳排放配额（CEA）总成交量逾 5088.9 万吨，总成交额达 28.14 亿元。截至 2022 年底，全国碳市场碳排放配额总成交量逾 2.29亿吨，累计成交额突破 100 亿元，已成为全球规模最大的碳现货市场。随着《碳排放权交易管理办法（试行）》的实施，未来中国碳市场覆盖范围将逐步扩大，覆盖排放总量将超过 50 亿吨。

2022 年，中央、地方政府在各领域积极推进双碳工作，取得了一系列成就。2016 年至 2022 年，全球绿色低碳技术发明专利授权量累计达 55.8 万件，其中，中国专利权人获得授权 17.8 万件，占比达 31.9%，年均增速达 12.5%，明显高于全球 2.5%的整体水平。截至 2021 年底，我国多个领域相关数据喜人。全国新能源汽车保有量达 1310 万辆，其中前 8 个月的数据就达到 1099 万辆，约占全球的一半；国家级绿色工厂共建设 2783 家、国家级绿色工业园区 223 个、国家级绿色供应链管理示范企业 296 家，覆盖了主要工业行业，绿色制造体系初步形成；可再生能源装机规模已突破 11 亿千瓦，占全球的 34%以上，水电、风电、太阳能发电、生物质发电装机均居世界第一，并创下多个世界之最。

2021 年，我国发布《中国应对气候变化的政策与行动》白皮书。此次白皮书是继 2011 年的《中国应对气候变化的政策与行动（2011）》白皮书以来，中国又一次从国家层面发布关于应对气候变化的白皮书，介绍中国应对气候变化的进展，分享中国应对气候变化的实践和经验，增进国际社会了解。2022 年 10 月，生态环境部发布了《中国应对气候变化的政策与行动 2022 年度报告》。白皮书和报告对我国过去为实现“双碳”目标所采取的行动作了比较好的梳理。2021 年的白皮书强调中国为应对气候变化发生战略转型，从被动转为主动，强化国内行动，参与国际引领，不断完善相关法律法规体系，持续调整机构行政体制，为应对全球气候变化作出积极贡献。白皮书指出中国已经基本扭转了二氧化碳排放快速增长的局面，有效控制住了温室气体的排放。2022 年的报告则介绍了 2021 年以来中国在应对气候变化方面的进展。报告指出，2021 年以来，中国积极落实《巴黎协定》，进一步提高国家自主贡献力度，围绕碳达峰碳中和目标，有力有序有效推进各项重点工作，取得显著成效。中国已建立起碳达峰碳中和“1＋N”政策体系，制定中长期温室气体排放控制战略，推进全国碳排放权交易市场建设，编制实施国家适应气候变化战略。经初步核算，2021 年，单位国内生产总值（GDP）二氧化碳排放比 2020 年降低 3.8%，比 2005 年累计下降 50.8%，非化石能源占一次能源消费比重达到 16.6%，风电、太阳能发电总装机容量达到 6.35 亿千瓦，单位 GDP 煤炭消耗量显著降低，森林覆盖率和蓄积量连续 30 年实现“双增长”。

3.2.2 挑战与机遇

中国的“双碳”行动是全球减排量最大、时间最短的国家行动。我国面临着降碳任务艰巨、时间紧迫、科技支撑不足等问题。在现有经济社会发展目标、能源和产业结构条件下，要实现“双碳”目标，应在确保经济社会平稳发展的同时，尽快实现经济发展与碳排放脱钩。这就需要实现经济社会发展模式及技术体系的巨大变革，面对来自公民意识、生活方式、科学技术及社会管理体制等方面的严峻挑战。2060 年实现碳中和，对我国固然是一个非常严峻的挑战，但我们也应看到，这中间蕴含着巨大的机遇，实现碳中和需发挥我国的制度优势。

我国面临的最直接的挑战便是如何在碳达峰后仅用 30 年的过渡时间达到碳中和。30 年的时间短于发达国家从碳达峰到碳中和所计划的时间，也就是说中国实现碳中和目标过程中温室气体的减排速度和力度远超发达国家。欧盟在 20 世纪 80 年代便实现碳达峰，其宣布将在 2050 年实现碳中和，从碳达峰至碳中和预计有 60 年的时间；美国和日本在 2007—2008 年实现碳达峰，同样宣布将在 2050 年实现碳中和，有 40 多年的过渡时间。

在“双碳”背景下，我国的经济社会发展面临着刚性需求的挑战。如果以现有的能源结构与单位 GDP 能耗计算，到 2050 年，化石能源消费年排放量将高达 390 亿吨二氧化碳。在此背景下，如何权衡碳排放与经济社会发展的关系，是影响生态环境、人民福祉与国家发展的重要挑战之一。除此之外，我国的碳中和进程还将面临巨大资金缺口挑战。据测算，实现碳中和目标，未来 30 年中国能源系统需要新增投资 100 万亿元至 138 万亿元。政府预算只能满足很小一部分需求，必须以市场化方式动员公共和私人部门资金。绿色金融和碳排放交易可以弥补资金缺口，但目前绿色金融存在试点范围小、融资成本偏高等问题。我国体现碳排放外部成本的价格机制尚未形成，碳价没有合理有效地体现碳排放的外部成本。试点碳市场过渡到全国碳市场的制度衔接渠道尚未疏通，支撑全国碳市场交易的监管保障能力亟待提升。我国仍处于试点碳市场过渡到全国碳市场阶段，各项制度的衔接仍需要较长时间。碳市场相关理论与实践的高质量人才不足，碳排放核算、碳中和标准制定、碳市场操作与风险识别的人才有限。

除了经济问题，我国在能源脱碳转型方面也困难重重。在保障能源安全和能源自主可控的国家战略需求基础上，多快好省推进低碳新能源替代传统能源是“双碳”行动的重点任务。然而，中国现在的能源多是高碳基的，化石能源占总能源消费的 85%。以煤为主的能源结构导致的高碳锁定效应是中国实现碳达峰目标的主要障碍。发达国家的能源转型都是从煤到油和气，再过渡到风光新能源，而中国是典型的缺油少气多煤型国家，煤炭占能源总消耗的 57.7%，即使煤炭消费量占比到 2025 年有望下降到 52%，但以煤炭为主的能源结构仍无法在短时间内发生根本转变。

科技创新是推动“双碳”目标实现的根本动力。我国“双碳”技术尚处于发展的初级阶段，可以支撑“双碳”行动的科技创新储备不足，亟待开展问题和目标导向的颠覆性、变革性技术研发，尤其是在能源领域和产业结构调整方面。尽管中国在风电、太阳能光伏等领域已具备一定市场和竞争优势，但轴承、变流器等核心零部件的生产技术还未完全攻克难关。在高性能电池材料、电池标准及生产、氢动力和生物燃料、绿色船舶领域等前瞻性技术方面也落后于发达国家。

“双碳”目标给从业者带来了许多机遇。清洁能源和其他低碳技术有助于塑造中国的全球竞争力。近年来，中国凭借低成本和规模化优势，建立起了具有较强竞争力的风电、光伏、储能产业链（见图 3-3）。中国是全球可再生能源领域最大投资国、最大多晶硅生产国、最大锂电池材料和电池生产基地，也是全球最大的电动车市场。抓住新一轮低碳科技革命历史机遇，在资源再生利用、提升能效、电气化、清洁发电技术等领域取得突破性进展，将极大提升国家核心竞争力。

图 3-3　太阳能光伏板

（图片来源：www.freepik.com）

“双碳”时代将催生新的金融业态，为金融业开展绿色低碳业务提供广阔空间。2020 年 10 月，我国出台了《关于促进应对气候变化投融资的指导意见》，特别提出要扩大绿色金融区域试点工作。绿色信贷、绿色债券、ESG 投资基金等都是受政策扶持和市场青睐的金融产品，气候债券、蓝色海洋债券将迎来发展契机，碳金融空间会逐渐打开。

总之，想要在有限时间内高质量实现“双碳”目标是任重道远、充满挑战的，但同时也创造了许多机会、发展和进步的动力。

3. 2. 3 “双碳”目标的实现路径

“双碳”目标的实现路径应当立足于国情，随着发展与需求进行动态调整。面对“双碳”任务，我国既要大力促进能源转型、发展节能减排技术，也应发掘生态系统固碳和人为工程碳封存潜力。力争在实现碳中和时仍然保留一定水平的化石燃料碳排放空间，这对于降低“双碳”目标的经济成本和抵御社会风险具有战略意义。当前迫切需要回答的与“双碳”目标直接关联的基础科学问题包括新型能源和低碳产业的技术原理、碳中和措施的气候效应、自然碳汇形成与维持机制、自然和人为碳汇的容量及增汇潜力、多种温室气体间的协同效应等。

整体而言，实现“双碳”目标的路径并不是先验的、定制的、一成不变的，它应随着技术发展和社会需求而动态调整、不断优化迭代，应该倡导采用国家战略引导下的具有韧性和适应性的系统解决方案。接下来，我们介绍中国科学院于贵瑞院士提出的关于“双碳”实施路径的“三路综合”创新策略、“四举并进”技术路径与“五个统筹”宏观布局(见图 3-4)。需要强调的是，这仅代表一种观点，“双碳”目标的实现路径一定是动态发展的。

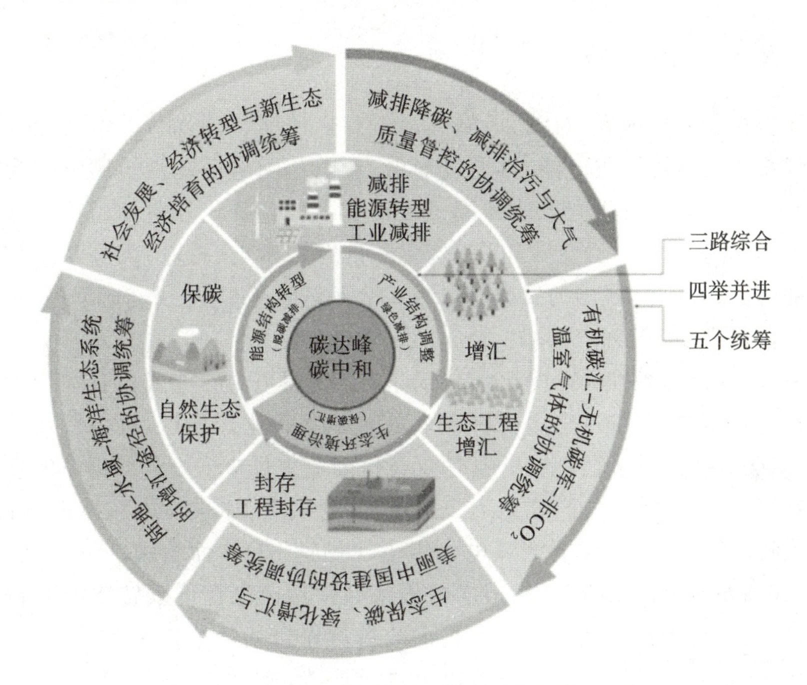

图 3-4 实现“双碳”目标的潜在技术路径与措施

(引用自于贵瑞、郝天象、朱剑兴的《中国碳达峰、碳中和行动方略之探讨》)

“三路综合”的创新策略包括:①能源供应与消费端的替代脱碳、清洁化转型;②产业结构绿色低碳化,发展新一代生态经济;③人为固碳路径的生态环境治理。

“四举并进”指的是“减排、增汇、保碳、封存”,此四举是被广泛认可的实现“双碳”目标的有效途径。“减”是推动能源供给和工业消费技术进步,直接减少人为碳排放;“增”是增加陆地和海洋生态系统的碳蓄积和固碳功能;“保”是保护现有的陆地和海洋生态系统的碳储存及固碳能力;“封”是采用地质工程、生物技术和生态措施捕集、利用与封存大气二氧化碳。

“五个统筹”的宏观布局指的是:①社会发展、经济转型与新生态经济培育的协调统筹;②减排降碳、减排治污与大气质量管控的协调统筹;③有机碳汇-无机碳库-非二氧化碳温室气体的协调统筹;④生态保碳、绿化增汇与美丽中国建设的协调统筹;⑤陆地-水域-海洋生态系统的增汇途径的协调统筹。

3.3 重点行业的碳排放与减排手段

3.3.1 电力行业

电力行业是将煤炭、石油、天然气、核燃料、风能、太阳能、生物质能等一次能源经发电设施转换成电能,再通过输电、变电与配电系统供给用户作为能源的工业部门。电力行业为工业和国民经济其他部门提供基本动力。从能源结构来说,电力行业可以分为火电(燃烧化石能源)、水电、核电、风电和太阳能发电等部门。2021 年,我国的发电总量为 8.7 万亿千瓦时,位居全球第一,其中火电部门占比为 69.77%。

燃烧化石能源发电的过程会造成碳排放,使得电力行业成为我国最大的碳排放部门,其碳排放量占全国碳排放总量的 40%以上。所以,电力行业是我国实现“双碳”目标的关键行业,并且是要在保障电力供应安全的前提下实现碳减排。针对电力行业的减排,首先应该降低煤电供应、加快煤电装机升级改造。我国运行年龄为 20 年以下的煤电机组占比高达 85%,而美国、欧盟分别只有 10%、20%左右。这意味着,我国煤电机组与发达国家在低碳转型中面临着巨大差异,需要有更针对性的措施。具体政策可以包括严格控制煤电装机规模,不再新建燃煤发电机组;优化现有煤电机组产能,充分挖掘现役燃煤发电机组节能潜力,充分利用现有低碳技术,对燃料所产生的二氧化碳进行回收和封存,降低煤电机组的碳排放量,实现燃煤发电机组的零排放或者负排放,同时做好机组改造、延寿与退役工作。传统火电应加大适应“双碳”需要的多种新技术开发,根据电厂的情况进行技术耦合应用,同时结合储能及碳捕集、利用与封存(CCUS)等新技术构建火电新型产业链。

发展风能、太阳能、水能、核能等绿色可再生能源,调整能源供给结构,是解决能源问题及实现“双碳”目标的根本途径。近些年新能源产业发展迅猛,发电成本大幅下降,目前度电成本已与煤电接近。继续加大对风能、太阳能、水能、核能等绿色能源的投资和开发,构建适应大规模新能源发展的电力产供储销体系、提升电力系统的灵活调节能力、推动源网荷储的互动融合将成为推动新能源大规模发展的关键措施。

合理利用碳交易市场机制,是电力行业减排的重要方法。全国碳排放权交易市场已于 2021 年 7 月启动全国市场上线交易,采用挂牌协议转让、大宗协议转让以及单向竞价三种交易方式。首批 2162 家重点碳排放单位被正式纳入这一全国性的市场,它们全部都来自发电行业。碳交易通过市场的方式给各方碳减排以额外的收益激励,是实现碳达峰碳中和的重要政策工具。关于碳市场的详细介绍将在本书第 4 章中展开。

3.3.2 交通行业

交通运输中的碳排放主要来源于交通运输工具燃料燃烧产生的二氧化碳排放。目前交通行业碳排放量占全国碳排放总量的 10%～15%(年际波动),不同运输方式的碳排放量差异明显。公路运输(含社会车辆、营运车辆)是交通领域碳排放的重点方面,排放量占交通领域碳排放总量的 85%以上,水路运输和民航运输排放都约占 6%,铁路运输碳排放占比为 1%左右。交通行业减排面临的问题非常多。第一,随着经济社会的快速发展和居民生活水平的不断提高,运输需求会不断增加,碳排放总量会有继续增加的潜力。第二,IPCC 第六次评估报告提出,交通运输行业碳减排成本显著高于工业、建筑等行业。例如,目前采取的“公转铁”“公转水”等减排措施,资金投入大、经济收益小,使得地方政府、运输企业、个体运输户缺乏内生动力。第三,交通运输的碳达峰工作涉及领域广,涵盖营业性车辆、船舶、铁路、民航以及非营业性车辆、私家车等,加之协调部门多(如铁路、民航、生态环境、工信、公安等部门),实践中需要解决许多细节问题。但无论如何,要实现“双碳”目标,以道路交通为主的交通行业的绿色化转型势在必行。

优化运输结构是碳达峰阶段的主要举措之一,需加快大宗货物和中长距离货物运输的“公转铁”“公转水”。提高铁路、水路基础设施的通达性、便利性,全面加快集疏港铁路项目建设进度,完善港区集疏港铁路与干线铁路及码头堆场的衔接,加快港区铁路装卸场站及配套设施建设。全面提高工矿企业的绿色运输比例，加快煤炭、钢铁、电解铝等大型工矿企业的铁路专用线建设。

提升运输装备能效和推广应用低碳运输装备是推动交通领域实现“双碳”目标的重要举措，需聚焦完善能效标准、抓好准入制度、加快淘汰老旧车船、加快新能源运输装备研发、分场景适配应用。具体措施包括：①完善运输车辆能耗限值标准，协助建立车辆碳排放标准体系；②加大交通枢纽场内作业装备的节能操作技术应用；③推广应用低碳汽车，按照“先公共、后私人，先轻型、后重型，先短途、后长途，先局部、后全国”的思路，加快实施新能源全面替代；④提速公务用车和城市公交车辆的电动化进程，推进货运领域示范应用纯电动、氢燃料电池车辆和电气化公路系统；⑤推进实施船舶能效准入制度，建立新造船舶设计能效指标以及分阶段实施要求与验证机制；⑥鼓励船舶使用岸电、混合动力等辅助能源，持续提升电力、太阳能、风能、潮汐能、地热能在港口生产作业中的使用比例。

鼓励绿色出行是推动交通碳达峰的最佳辅助措施，应进一步营造居民出行良好环境，不断强化市场激励措施，引导居民低碳出行。深入实施公交优先发展战略，构建以城市轨道交通为骨干、以常规公交为主体的城市公共交通系统；加强城市步行和自行车等慢行交通系统建设，合理配置停车设施，开展人行道净化行动，因地制宜建设自行车专用道，鼓励公众绿色出行。基于智慧交通基础设施网络和城市路网智慧管理基础，开展出行即服务系统设计，构建以公共交通为核心的一体化全链条便捷出行服务体系，减少对小汽车出行的依赖。

3.3.3 钢铁行业

钢铁行业是典型的资源、能源密集型行业。长期以来，我国是世界第一大粗钢生产国，2022 年产量高达 10.13 亿吨，约占全球粗钢产量的 55%。钢铁生产过程中的碳排放主要有 4 类来源：化石燃料燃烧排放、工业生产过程排放、净购入使用的电力、固碳产品隐含的碳排放。其中，化石燃料燃烧是主要排放源，约占 90%，其次为工业生产过程排放与购入电力排放。目前，我国每生产 1 吨钢排放 1.5 吨二氧化碳，远高于国际先进水平，行业碳排放占全球钢铁碳排放的 60%以上，约占全国碳排放总量的 15%，是国内 31 个制造业门类中碳排放量最大的行业。因此，在“十四五”更为严格的能耗双控和“双碳”目标下，钢铁行业是实现绿色低碳发展的关键领域。对钢铁行业而言，碳达峰碳中和是一个总量性、强度性、结构性的命题，是有时限性的战略性大命题。

钢铁行业的降碳减排路径明晰，可以概括为 5 个方面。第一，推动绿色布局，包括优化产业布局、严禁新增产能、继续淘汰落后产能等。通过优化布局引导钢铁项目向生产基地聚集发展，通过兼并重组提高产业集中度、优化资源配置，进而加快实现技术突破和绿色发展。同时，通过需求侧管理来降低钢铁企业的扩产冲动，严格控制粗钢的产能。第二，推广使用电弧炉冶炼法，该方法可以显著降低炼钢过程的二氧化碳排放量。我国目前电弧炉冶炼法产量占比有很大的提升空间，因此可以通过将钢厂现有的大量高炉-转炉生产线转为电弧炉生产线来实现减碳。第三，在冶炼过程中使用清洁能源。无论钢厂采用何种炼钢工艺，生产过程中都需要消耗大量电力，利用清洁能源可以减少这方面的排放。第四，构建循环经济产业链，包括区域能源资源整合、固废资源化利用、推动钢化联产等。第五，利用 CCUS 技术对排放终端的二氧化碳进行处理。

3.3.4 水泥行业

2022 年，我国水泥产量 21.3 亿吨，约占全球总产量的 51%，排放二氧化碳约 12 亿吨。在水泥生产过程中，碳排放主要来自 3 个方面：原料带入（工艺排放）、燃料带入（燃烧排放）和电力消耗（间接排放）。其中，工艺排放的碳大概占整个生产环节碳排放的 2/3，而后两者合计占了约 1/3。我国绝大部分水泥企业已采用了新型干法生产技术，技术水平处于国际先进行列，但在碳排放方面还有较大的进步空间。我国每生产 1 吨水泥排放约 0.6 吨二氧化碳，高于《巴黎协定》要求的每吨水泥排放 0.52～0.54 吨二氧化碳。

压减水泥低效产能是水泥行业碳减排最重要的手段之一。比尔·盖茨曾指出中国 3 年的水泥消费量相当于 19 世纪水泥发明以来美国历年的消费总量，这是让人惊叹的统计数字（见图 3-5）。降低能耗和使用新能源也是一个重要的方向。1 吨水泥的生产成本中能耗成本占 40%到 70%，水泥企业可以在节电方面下功夫，在继续巩固余热回收利用成果的同时，也可以建分布式光伏电站，自发自用，通过清洁能源智慧管控平台对生产进行管控，减少碳排放的同时提高生产效率，降低成本。在工艺过程中使用低碳原料亦能降低碳排放。水泥的制造离不开石灰矿，这意味着碳酸钙分解产生的二氧化碳量某种程度上是固定的，很难通过技术来降低碳排放量，因此，水泥企业的减碳短期内更多是凭借深掘烧成系统技术来实现的。

3.3.5 化工行业

化工行业是从事化学工业生产和开发的企业与单位的总称。化工行业是国民经济中不可或缺的重要组成部分，对于人类经济、社会发展具有重要的现实意义。这里讨论的化工行业是指石油化工以外的其他行业，包括煤化工、有机化工、精细化工，等等。化工企业分支众多，碳排放源也众多，但基本上可以概括为燃料燃烧排放、工艺过程排放和净购入的电力与热力消费引起的排放。

图 3-5　运行中的水泥厂

其中,工艺过程排放占比特别高,这是化工行业与其他行业最大的区别之一。以硝酸的生产过程为例,工艺过程的碳排放占总排放的97%。我国化工行业碳排放总量不高,占全国碳排放总量的3%~5%,但相较电力与热力、金属冶炼等部门,化工行业的单位GDP碳排放量高于全国工业行业的平均水平,面临较大的减排控碳压力。

化工企业的减排首先应该体现在提升运营水平上。通过管理优化、设备升级、技改与流程优化以及能源梯级利用等方式提升企业现有业务的运营效率,促进节能减排。其次,可以优化能源结构和使用绿色原材料。以清洁能源电力替代传统煤电,用生态友好的绿色原材料(如生物基材料、可回收材料)替代化石原料。化工企业也应分析"双碳"目标背景下产品结构优化的发展策略,结合产品的市场吸引力与企业的战略匹配度,识别高潜力的新产品机会,将绿色低碳纳入重要考量。最后,循环经济是低碳可持续发展的重要方向,实际落实过程中面临保障原料供应、构筑成本竞争力、长期坚持以及建立生态合作体系的关键要求,在这个过程中,化工企业可以积极投入对先进减碳控碳技术的研究与应用,包括CCUS、电解水制氢等。

3.3.6　石化行业

石化行业是以石油和天然气为原料,生产石油产品和石油化工产品的加工工业,从产业链的角度来说,石化行业是化工行业的上游。石化行业的碳排放主要来自几个方面:炼油与石油化工生产中化石燃料用于动力或热力供应的燃烧过程产生的二氧化碳排放;出于安全等目的,石油化工企业通常将生产活动产生的可燃废气集中到一至数个火炬系统中进行排放前的燃烧处理;石油炼制与石油化工环节的工业生产过程中的二氧化碳排放,包括催化裂化、催化重整、制氢过程、焦化、石油焦煅烧、氧化沥青、乙烯裂解、乙二醇/环氧乙烷生产等;净购入电力和热力隐含的二氧化碳排放，该部分排放实际上发生在生产这些电力或热力的企业。目前，我国石化行业的碳排放量约占全国碳排放总量的 3%左右。

石化行业的主要减排途径是能源、资源的高效利用和低碳工艺的研发及推广。与化工行业一样，石化行业的工艺过程非常多元，没有统一的方法，所以需要整个行业里各个分支一起去推进碳减排。

3.3.7 有色金属行业

有色金属是国民经济、日常生活、国防工业和科学技术发展必不可少的基础材料和战略物资。常用的有色金属包括铜、铝、铅、锌、镍、锡、锑、汞、镁及钛，这 10 种金属被称为“十种常用有色金属”。2022 年，我国 10 种常用有色金属产量为 6793.6 万吨，按可比口径计算比上年增长 4.9%，行业的碳排放量则占全国排放总量的 6.5%。然而，有色金属行业的碳排放主要是金属冶炼过程中大量地使用电力而造成的间接排放，行业的直接碳排放仅占全国碳排放总量的约 1%。电解铝行业是有色金属行业碳排放量最大的细分领域，排放量占整个有色金属行业的 70%以上。

限制电解铝的产能新增是该行业碳减排的基础工作，可以用回收循环利用的方式来弥补需求的增加。另外，开发新工艺、提高能源利用率和使用新能源也是有色金属行业减排的重要方向。

3.3.8 造纸行业

纸张几乎涉及生产、生活的各个方面。制浆造纸及纸制品全行业 2022 年完成纸浆、纸及纸板和纸制品产量合计 28391 万吨，同比增长 1.32%。造纸的生产程序复杂，涉及木材制备、纸浆生产、化学回收、漂白和造纸等各种工艺步骤，碳排放源主要包括：自备热电站、石灰窑、纸机干燥等工段运行过程中化石燃料燃烧的直接排放；备料过程产生的树皮、木屑等生物质能源燃烧的直接排放；制浆过程碱回收工段用石灰石分解过程产生的排放；污水厌氧处理产生的甲烷（非二氧化碳温室气体排放）；外购电力、热力的间接排放。目前，全国造纸行业碳排放量约为每年 1 亿吨，约占全国碳排放总量的 1%。

产业结构低碳转型升级是造纸行业实现“双碳”目标的最重要措施。行业应发展低碳绿色产品，推进新工艺及技术创新，完善废纸回收机制，实现造纸行业绿色低碳循环发展；加快淘汰能效利用率低、经济效益差的落后和过剩产能，促进造纸工业绿色低碳可持续发展。造纸行业的碳排放也主要源自能耗，因此造纸行业实现碳减排也要减少煤炭和天然气等化石能源的使用，推动发展高效节能技术和清洁利用技术。同时，企业也应重视在纸浆生产、化学回收、漂白、余热回收、废纸利用、热电联产等生产过程中低碳技术的研发和低碳清洁材料的使用。

3.3.9 建筑部门

随着城镇化的持续推进，建筑部门逐步成为碳排放的大户。建筑部门的碳排放主要是其运行时产生的碳排放，可分为直接碳排放和间接碳排放。直接碳排放是在建筑部门发生的化石燃料燃烧导致的二氧化碳排放，包括直接供暖、炊事、生活热水、医院或酒店蒸汽等导致的燃料排放等；间接碳排放是外界输入建筑的电力、热力包含的碳排放，其中热力部分又包括热电联产及区域锅炉送入建筑的热量；此外，还有部分非二氧化碳温室气体的排放。从全寿命周期的碳排放量看，建筑运行阶段占比为70%～90%，建材生产占比为10%～30%，建造占比约为1%，拆除占比约为1%。这些排放与前文的电力行业、钢铁行业、水泥行业等的排放有重叠的部分，但一方为需求端，一方为供应端。整个建筑部门的排放占全国碳排放总量的40%～50%。在这样的背景下，推动城乡建设绿色发展、大力发展节能低碳建筑、加快优化建筑用能结构成为实现“双碳”目标的重要一环。

为了促进实现建筑部门的“双碳”目标，中共中央办公厅、国务院办公厅印发《关于推动城乡建设绿色发展的意见》，提出要建设高品质绿色建筑，大力推广超低能耗、近零能耗建筑，发展零碳建筑；实现工程建设全过程绿色建造。具体地说，首先，要在排放源头减少碳排放，对新建筑和既有建筑的改造都很重要。其次，要建立全新的低碳环境价值观和系统设计新理念，一方面要改善环境，满足人的需求；另一方面要有碳排放的天花板限制。最后，要因地制宜考虑供暖热水的电气化和可再生化。

3.3.10 农业

中国农业以占全球9%的耕地，生产供应全球20%的人口的食物和纤维需求。相应地，农业在国家温室气体排放清单中也占据了相当大的比重。和全球的情况相似，我国农业温室气体排放约占全国碳排放总量的10%。农业对二氧化碳的吸收与排放接近自然平衡，因此二氧化碳并不是其最主要的温室气体，甲烷和氧化亚氮是农业排放中更重要的体现，来源包括稻田、养殖业动物肠道、氮肥、粪便等。针对甲烷的减排，人们可以通过优化耕作方式、选择合适水稻品种、调控日粮、提高单产水平、优化牲畜饲养等方法来实现。例如旋耕、免耕高茬还田、保护性耕作等措施是大幅减少甲烷排放的理想措施。合理施用氮肥、推行缓释肥和长效肥料以及秸秆还田等农田肥料管理措施可以有效减少农田由于使用氮肥而引起的 N_2O 排放。化肥的生产过程也会释放大量温室气体，按单位纯养分计，中国生产氮肥、磷肥和钾肥产生的平均温室气体排放普遍为欧美平均水平的2倍左右，在源头端解决排放问题也是一个重要的选择。

延伸阅读

千分之四全球土壤增碳计划

《巴黎协定》提出通过土壤耕作固碳来抵消排放的思想，UNFCCC启动了“千分之四全球土壤增碳计划”，试图以土壤增碳抵消碳排放。“千分之四”的构想来自一个基本事实——全球2米深土壤储存的有机碳达2.4万亿吨，而2014年(《巴黎协定》签约前一年)全球化石能源的温室气体排放为89亿吨碳当量(合326亿吨二氧化碳)，正好相当于前者的千分之四。

科学家在估算全球碳平衡时发现，从生物圈释放到大气中的二氧化碳有近20%去向不明，即“丢失的碳汇”。研究表明，植被和土壤碳库正是“丢失的碳汇”的主要去向。IPCC第四次评估报告也曾指出：农业的近90%减排份额可以通过土壤固碳减排实现。在这样的背景下，法国提出“千分之四全球土壤增碳计划”，并通过UNFCCC的认可得以正式启动(见图3-6)。目前有51个国家和地区、600多个会员与合作伙伴(国际组织、NGO和大型企业)正式参与。由于土壤中的有机碳可以通过人为管理进行长期和短期调节，“千分之四全球土壤增碳计划”的提出者将这一方案与农业可持续发展挂钩，宣称其具有一举两得的优势，可同时服务于保障粮食安全和减缓气候变化。一方面，有机质是土壤质量和健康的核心，富含有机碳的土壤有助于保障粮食安全；另一方面，土壤有机碳含量的增加抵消了人为的二氧化碳排放。

图3-6　千分之四全球土壤增碳计划

(图片来源：4P1000.org)

土壤增碳这个“一石二鸟”的解决方案看上去非常美好，但落实到具体行动却没有那么简单。计划的实施需要重点考虑两方面的问题：各参与国的固碳目标怎样设定、如何评估参与国的实施情况。参与国承诺的固碳目标和行动及其计划考核时的兑现情况，可能影响到该国在国际气候变化谈判中的话语权。如果目标设置过低，话语权将受到损害；如果设置太高，则会拉高实施成本，可能导致目标无法完成。

对于发达国家而言，以增加土壤碳库来抵消矿物燃料排放相对容易。例如，澳大利亚年矿物燃料排放量为 1.09 亿吨碳当量，而该国 0 厘米至 30 厘米土壤碳库就高达 25 亿吨碳当量，增加千分之四正好可以抵消。但对于自然条件较复杂和技术管理水平较低的发展中国家而言，土壤固碳会带来明显的挑战。以我国为例，我国 1 米深土壤有机碳库总量约为 900 亿吨碳当量，需要增碳 2.9%才能抵消能源排放，这样的土壤增碳速度远超当前的技术水平。

案例与讨论

案例 1：深圳在碳中和领域的努力

作为国家生态文明建设示范城市，近年来深圳以绿色发展理念高位谋划布局，实现经济社会高质量发展和生态环境高水平保护齐头并进。数据显示，深圳单位 GDP 能耗和单位 GDP 碳排放仅为全国平均水平的三分之一和五分之一。2021 年 12 月，深圳市政府印发《深圳市生态环境保护“十四五”规划》，涵盖了绿色低碳发展等 4 大方面共 19 项指标，提出到 2035 年，将深圳建设成为可持续发展先锋，打造人与自然和谐共生的美丽中国典范。“双碳”对深圳而言不仅仅是完成国家使命，更是为其高质量发展提供新切口、新机遇、新动能。

2013 年 6 月 18 日，深圳在国内率先启动碳交易。2022 年度深圳碳市场交易额 2.47 亿元，同比增长 30.39%；碳配额交易额 2.30 亿元，同比增长 188.40%；年末碳配额收盘价 53.50 元，市场累计交易额突破 20 亿元大关；碳市场流动率为 21.25%，连续多年稳居全国第一。2022 年 8 月，深圳市生态环境局组织开展 2021 年度深圳碳排放配额有偿竞价发放工作。配额有偿竞价发放总量约 58 万吨，竞买底价每吨 29.64 元。26 家竞价成功，总成交量 58 万吨，总成交金额 2526 万元，平均成交价每吨 43.49 元。这次拍卖是深圳市因地制宜的举措，进一步提升了深圳碳市场对“双碳”工作的促进作用，也为其他地方碳市场提供了参考和成功经验。

在交通领域，深圳已率先实现城市公交和出租车辆100%纯电动化，出行低碳指数大幅提升，地铁网络、城际铁路加紧建设。2022年2月发布的《深圳市综合交通"十四五"规划》提出，将推进新能源基础设施建设，建立绿色低碳客货运输体系，加快推进新能源技术的研发，"十四五"期间全市新增注册汽车(不包含置换更新)中新能源汽车比重将达60%。

深圳的建筑业也在逐渐开启低碳化。2022年7月1日起施行的《深圳经济特区绿色建筑条例》提出建立建筑碳排放管控工作机制，鼓励开展近零能耗建筑、零碳建筑、近零碳排放试验区示范建设，降低建筑碳排放强度和碳排放总量。深圳未来大厦是全国首个应用"光储直柔"全直流的建筑项目，其中一栋楼被评为科技部净零能耗建筑示范工程。深圳还积极打造低碳社区，让社区成为践行碳中和理念的重要空间载体。位于深圳国际低碳城核心区的新桥世居，是深圳打造的首个可复制、可推广的近零碳与可持续发展示范社区。新桥世居的碳排放量从630吨降低到近零水平，同时自主开发了社区碳智慧管理平台，实现碳排放实时监测。

深圳还出台了相关的碳中和补贴政策。2021年8月，深圳市工信局发布《深圳市工业和信息化局支持绿色发展促进工业"碳达峰"扶持计划操作规程》，明确以直接资助、奖励两种事后资助形式，对符合条件的绿色、节能项目给予资助和奖励。单个项目资助金额不超过1000万元。2022年9月，深圳市科技创新委员会发布《2022年度可持续发展科技专项(双碳专项)项目申请指南》，重点聚焦能源、工业、交通、建筑、生态、资源循环利用和前沿技术领域基础前沿、技术攻关、科技成果应用示范等创新活动，深圳市将对符合条件的碳达峰、碳中和科技创新项目予以资助，单项最高可达600万元。2023年3月，南山区生态环境保护委员会办公室印发《南山区生态环境助力服务高质量发展的若干举措》，提出了4项具体措施。其中，对达到《南山区政府投资类建设项目落实碳排放全过程管理实施指引》要求的社会投资类建设项目，按照项目实际建安工程费用的4%给予项目补贴，每个项目最高100万元。

你还知道哪些城市的低碳行动?

案例2:我国新能源汽车发展简介

2001年，科技部组织召开"863"计划电动汽车专项可行性研究论证会，通过了此专项的可行性研究报告，标志着我国电动汽车专项正式启动。2003年，比亚迪成长为全球第二大充电电池生产商，同年组建比亚迪汽车，开始了从0到1的造车之路，成为国内第二家民营轿车生产企业。同一时期，另一家深圳企业欣旺达抓住了我国锂电池产业快速发展的机会，完成了早期积累。2007年，《新能源汽车生产准入管理规则》正式实施；同年，国家发改委发布了《产业结构调整指导目录(2007年本)》，将新能源汽车列入发改委鼓励产业目录。同样是2007年，随着比亚迪F3的销量日益增高，比亚迪“趁热打铁”，推出了自己旗下车型比亚迪F6，仅仅过了一年，在国家政策的完善和自身混动技术以及S6DM研究项目的双重突破下，2008年比亚迪推出了全球首款量产的插电式混合动力车型，开启了自己的“王朝时代”(秦、宋、唐等众多新能源车型)。2008年奥运会期间，混合动力、纯电动、燃料电池汽车示范运营。2009年1月6日，科技部等部委在武汉举行了“十城千辆”电动汽车启动暨百辆混合动力公交车投放仪式，标志着我国迎来了新能源汽车产业化时代。此时的欣旺达在锂电池制造领域有了一定累积，顺理成章发力动力电池。2009年财政部、科技部发布《关于开展节能与新能源汽车示范推广试点工作的通知》，在北京、上海、重庆等13个城市开展新能源汽车示范推广试点工作。

2010年，国务院将新能源汽车确定为七大战略性新兴产业之一，在汽车产业“十二五”规划中明确指出大力扶持节能与新能源汽车的关键零部件发展。同年，新能源补贴政策《关于开展私人购买新能源汽车补贴试点的通知》正式发布，中国新能源汽车行业进入补贴时代。2016年《新能源汽车碳配额管理办法》等政策相继出台，收紧产品准入门槛。2017年，公安部决定在全国范围内逐步推广应用系能源汽车专用号牌。在2015—2017年间，比亚迪连续三年斩获全球新能源乘用车年度销量的冠军，比亚迪“龙头企业”的品牌形象渐渐有了雏形。2017年底，比亚迪助力深圳公交实现公交车辆100%纯电动化，深圳因此成为世界上第一个公交车辆全部电动化的特大城市。2018年，财政部、工信部发布《关于调整完善新能源汽车推广应用财政补贴政策的通知》的新政补贴，削低补高，进一步鼓励技术进步。2019年，我国新能源汽车国家补贴则直接减半，地补取消。补贴的减少让新能源汽车的市场售价水涨船高，对车企和供应链造成影响，电池企业大规模倒闭。2019年，财政部发布《关于进一步完善新能源汽车推广应用财政补贴政策的通知》，优化新能源汽车补贴的技术指标，坚持“扶优扶强”。

2020年3月31日，国务院将新能源汽车购置补贴和免征购置税政策延长2年；4月23日，财政部、工信部、科技部、发改委将新能源汽车推广应用财政补贴政策实施期限延长至2022年底。密集调整的背后，印证着新能源汽车市场仍旧具有巨大发展空间。

你了解哪些新能源汽车领域的最新动态？

习题

一、单选题

1. 目前,世界上最大、第二大的温室气体排放国分别是__________。

A. 中国和美国　B. 美国和日本　C. 印度和中国　D. 日本和俄罗斯

2. 以下表述不正确的是__________。

A. UNFCCC对发达国家和发展中国家规定的义务及履行义务的程序有所区别,应遵循“共同但有区别的责任”原则

B.《京都议定书》规定了一种独特的贸易——如果一国的排放量低于条约规定的标准,则可将剩余额度卖给完不成规定义务的国家,以冲抵后者的减排义务

C.《京都议定书》的生效对中国有利无弊

D. 早在1979年,中国就参加世界气象组织的第一次世界气候大会,拉开了我国应对气候变化的序幕

3. 以下表述不正确的是__________。

A. 国家气候变化对策协调小组指导参与有关国际谈判,制定气候政策,表明中国政府将气候问题视为一项发展问题来应对

B. 2006年,中国历史上第一次年度温室气体排放超越美国,成为全球第一

C. 在经济与碳排放高速增长阶段,立即减少碳排放是中国以及其他发展中国家压倒一切的首要任务

D. 尽管全球气候变化谈判进入低潮期,中国仍在为应对气候变化努力

4. 中国在《巴黎协定》“国家自主贡献”中提出:将于2030年左右使二氧化碳排放达到峰值并争取尽早实现,2030年单位国内生产总值二氧化碳排放比2005年下降__________。

A. 40%~45%　B. 50%~55%　C. 60%~65%　D. 70%~75%

5. 2017年底,中国全国碳市场完成总体设计,碳市场的建设以__________为突破口。

A. 交通行业　B. 发电行业　C. 钢铁行业　D. 水泥行业

6. 以下表述不正确的是__________。

A. 中国的“双碳”行动是全球减排量最大、时间最短的国家行动,我国面临着降碳任务艰巨、时间紧迫、科技支撑不足等问题

B. 我国的碳中和进程面临巨大的经济挑战、能源转型挑战,等等

C.“双碳”时代催生了新的低碳技术的发展和新的金融业态

D. 我国实现从碳达峰到碳中和所计划的时间长于发达国家从碳达峰到碳中和所计划的时间

7. 以下关于电力行业碳减排表述正确的是__________。

A. 电力行业是我国实现“双碳”目标的关键行业，因此要不顾一切实现电力行业碳减排

B. 新能源发展已经十分成熟，对电网安全平稳运行无任何影响

C. 电力行业减排需要调整能源供给结构，与碳交易市场机制无关

D. 发展绿色可再生能源、调整能源供给结构是解决能源问题、实现“双碳”目标的根本途径

8. 以下表述不正确的是__________。

A. 交通运输中的碳排放主要来源于运输过程中交通运输工具燃料燃烧产生的 CO_2 排放

B. 不同运输方式的碳排放量差异明显，铁路运输是交通领域碳排放的重点方面

C. 钢铁行业是典型的资源、能源密集型行业

D. 鼓励绿色出行是推动交通碳达峰的最佳辅助措施，应进一步营造居民出行良好环境，不断强化市场激励措施，引导居民低碳出行

9. 以下关于重点行业碳减排的说法不正确的是__________。

A. 目前，我国每生产 1 吨水泥排放约 0.6 吨 CO_2，低于《巴黎协定》的相关要求

B. 在水泥生产过程中，碳排放主要来自三个方面：原料带入（工艺排放）、燃料带入（燃烧排放）和电力消耗（间接排放）

C. 化工企业的减排首先应该体现在提升运营水平，通过管理优化、设备升级、技改与流程优化以及能源梯级利用等方式提升企业现有业务的运营效率，促进节能减排

D. 化工企业分支众多，碳排放源也众多，但基本上可以概括为燃料燃烧排放、工艺过程排放和净购入的电力与热力消费引起的排放

10. 以下关于重点行业碳减排的说法正确的是__________。

A. 有色金属行业的碳排放大部分是直接排放

B. 石化行业的减排主要途径是能源、资源的高效利用和低碳工艺的研发及推广

C. 纸张几乎涉及生产、生活的各个方面，造纸的生产程序简单，行业碳排放量也不高

D. 建筑部门的碳排放可分为直接碳排放和间接碳排放。直接碳排放是外

界输入建筑的电力、热力包含的碳排放

11. 农业主要排放的温室气体是__________。

A. 甲烷和氧化亚氮　　B. 二氧化碳

C. 水汽　　D. 臭氧

12. __________年,我国首次从国家层面发布关于应对气候变化的白皮书《中国应对气候变化的政策与行动》。

A. 2009　　B. 2010　　C. 2011　　D. 2012

13. 2017年底,全国碳市场完成总体设计并正式启动。《全国碳排放权交易市场建设方案(发电行业)》明确了碳市场是__________的政策工具。

A. 增加国家财政收入　　B. 提高发电行业效率

C. 加强省市互联互通　　D. 控制温室气体排放

14. __________年,中国参加第一次世界气候大会就拉开了我国应对气候变化的序幕。

A. 1979　　B. 1990　　C. 2001　　D. 2004

15. 中国的“双碳”行动是全球减排量最大、时间最短的国家行动,我国面临着__________、__________、__________等问题。

A. 降碳任务艰巨、资金严重不足、时间紧迫

B. 时间紧迫、科技支撑不足、民众配合度不高

C. 时间紧迫、民众配合度不高、相关制度缺乏

D. 降碳任务艰巨、时间紧迫、科技支撑不足

二、简答题

1. 2011年,我国在哪7个省市开展试点碳排放交易市场建设?

2. 我国的试点碳市场由哪两部分组成?

3. 为实现“3060承诺”,2021年10月我国发布的“双碳”顶层设计文件是哪两份?

4. 交通行业想要实现绿色化转型可以采取什么样的行动?

5. 结合你的专业,选择一个行业谈谈如何实现碳中和目标。

第3章习题答案

第4章 “双碳”目标支撑政策与工具

导读

实现碳达峰碳中和目标是一项多维、立体、系统的工程，涉及经济社会发展的方方面面，离不开有效的支撑政策与有力的技术工具。构建有利于“双碳”目标的社会体系对如期实现“双碳”目标至关重要。2021年，中共中央、国务院发布的《关于完整准确全面贯彻新发展理念做好碳达峰碳中和工作的意见》是实现“双碳”目标的最高指导政策。在政策引导下，我国大力推进新能源、储能、CCUS、碳汇等技术革新，同时积极建设以碳排放权交易市场为首的低碳绿色经济体系。

4.1 “1＋N”政策体系

党中央、国务院和各部门以及各级党委、政府制定有利于碳达峰碳中和的政策体系是如期实现“双碳”目标的重要保障，是实现社会从资源依赖向技术驱动转变，促进与之相适应的技术创新的推动力。目前，我们将为了实现“双碳”目标而制定的一系列政策概括为“1＋N”政策体系。中共中央、国务院于2021年10月24日（2021年9月22日成文）发布的《关于完整准确全面贯彻新发展理念做好碳达峰碳中和工作的意见》（简称《意见》）就是“1＋N”中的“1”，它是指导我国实施“双碳”目标的最高政策，对各行业、各领域的配套措施进行政策导向和支持，在整个政策体系中发挥统领作用。

国务院于2021年10月26日（2021年10月24日成文）发布的《2030年前碳达峰行动方案》（简称《方案》）是“N”中的首要文件，它与《意见》共同构成贯穿碳达峰、碳中和两个阶段的顶层设计，对于我国未来做好碳达峰工作指明了方向，明确了工作重点和保障措施。因此，《方案》经常被单独加以突出，成为另外一个区别于普通政策的“1”，我们常说的“1＋N”政策体系也可以被叫作“1＋1＋

N"政策体系。

除此之外，一般意义的"N"包括能源、工业、交通运输、城乡建设等分领域、分行业碳达峰碳中和实施方案，以及科技支撑、碳汇能力、财政金融价格政策、标准计量体系、督查考核等保障方案。地方围绕中央政策而推出的具体实施政策也属于"N"的一部分，一般以战略性指导文件、保障支撑文件、地方法规等形式出台。"1+N"系列文件将构建起目标明确、分工合理、措施有力、衔接有序的碳达峰碳中和政策体系。下面我们就对政策体系里的"1"和"N"展开详细的介绍。

4.1.1 《中共中央 国务院关于完整准确全面贯彻新发展理念做好碳达峰碳中和工作的意见》

《意见》的重要性体现在两个方面：①统一全党全国对碳达峰碳中和目标实现的认识和意志，有效纠正对"双碳"目标理解不到位、曲解目标、以偏概全的情况，帮助各地配套政策更好地落地实施；②立战略、立目标、立政策措施。《意见》的印发主要是对碳达峰碳中和这项重大工作进行系统谋划和总体部署，进一步明确总体要求，提出主要目标，部署重大举措，明确实施路径，对统一全党认识和意志，汇聚全党全国力量来完成碳达峰碳中和这一艰巨任务具有重大意义。《意见》提出了10方面31项重点任务，明确了碳达峰碳中和工作的路线图、施工图。在实现"双碳"目标的过程中，根据不同情况和技术发展水平，实现路径和技术侧重点各不相同。而在实现2030年碳达峰目标前，能源资源节约和产业结构调整是推动"双碳"目标的主角。

《意见》全文

《意见》建立了一个"宏观—中观—微观"多层次推进框架，形成了宏观、中观和微观三个层面的战略布局。在宏观方面，《意见》明确提出了强化绿色低碳发展规划引领、优化绿色低碳发展区域布局、健全法律法规以及完善政策机制等具体内容，着力打造绿色低碳循环经济体系，明确国土空间用途管制的低碳责任。同时加快推进碳达峰碳中和领域相关的立法工作，切实形成决策科学、目标清晰、市场有效、执行有力的国家气候治理体系。在中观方面，《意见》要求各地落实领导干部生态文明建设责任制，地方各级党委和政府要坚决扛起碳达峰碳中和责任，明确目标任务，制定落实举措。要求各省、自治区、直辖市人民政府按照国家总体部署，结合本地区的实际情况，坚持全国一盘棋，科学制定本地区碳达峰行动方案，提出符合实际、切实可行的碳达峰时间表、路线图、施工图，避免"一刀切"模式的减碳工作。在微观方面，《意见》提出推进市场化机制建设，积极发展绿色金融，健全企业、金融机构等碳排放报告和信息披露制度，运用减税、价格调控等激励政策推动企业进一步提高自主低碳绩效；重点用能单位要梳理核算自身碳排放情况，深入研究碳减排路径，“一企一策”制定专项工作方案。

《意见》提出的一些量化指标值得我们重点关注。《意见》在单位 GDP 能耗强度、单位 GDP 二氧化碳排放强度、森林蓄积量等方面有明确目标，为不同减排路径减排贡献度测算提供了依据。《中国长期低碳发展战略与转型路径研究》项目综合报告测算，如果顺利完成 2030 年碳达峰目标，我国碳排放总量峰值为 104.73 亿吨，较 2020 年碳排放总量仍有 4.42％的增长空间，因单位 GDP 能耗强度下降而减少的碳排放为 174.50 亿吨，因单位能耗碳排放强度下降而减少的碳排放为 51.03 亿吨，对碳排放下降的贡献度分别为 76％和 22％，达峰过程中能耗下降对碳排放下降的贡献度高于因能源结构调整而带来的。《意见》公布的唯一一个 2060 年实现碳中和的量化目标——非化石能源比重达到 80％以上。这个指标确定后，意味着届时我国将削减掉 70％以上的碳排放，这是一个指向性及执行力度非常强的目标数值。

4.1.2 《2030 年前碳达峰行动方案》

《方案》是碳达峰阶段的总体部署，将碳达峰贯穿于经济社会发展全过程和各方面，是落实《意见》要求的具体指导，由国家发改委和有关部门制定，经党中央审议通过，由国务院印发实施。作为“N”中为首的政策文件，它更加聚焦 2030 年前碳达峰目标，相关指标和任务更加细化、实化、具体化。《方案》重点提出了碳达峰十大行动，并规划了一系列行动目标，具体包括能源绿色低碳转型行动、节能降碳增效行动、工业领域碳达峰行动、城乡建设碳达峰行动、交通运输绿色低碳行动、循环经济助力降碳行动、绿色低碳科技创新行动、碳汇能力巩固提升行动、绿色低碳全民行动和各地区梯次有序碳达峰行动。《方案》还强调了国际合作事宜，在参与全球气候治理，开展绿色经贸、技术与金融合作，推进绿色“一带一路”建设三个方面给出了明确的指导方向。

《方案》全文

十大行动中的第 1 条是能源的低碳化，第 2、第 6 条关于能源资源节约，第 3 条主要针对产业结构调整，第 4、第 5 条主要是电气化，第 8 条属于增加碳汇的范畴。可以看出，实现碳达峰最重要的行动依次为能源低碳化、能源资源节约和产业结构调整。作为碳达峰进程中最重要的行动，能源低碳化方面的内容在《方案》中有许多创新点。首先，提出了要“逐步禁止煤炭散烧”，这是在过去的文件中极少提及的。其次，“风光热综合可再生能源发电基地”也是一个比较新颖的概念，这意味着将来会出现新能源发电技术集成的物理空间。《方案》还提出了电网储能的量化指标，意味着在 2030 年之前，会有大量资源进入这个领域。

节能行动在《方案》中的重要性仅次于能源低碳化，比起一些尚未成熟的零碳技术，节能是当前减排阶段的主力手段之一。因为节能工作由来已久，运行得也比较成熟。值得一提的是，《方案》还提到了数据中心的节能降碳。很长一段时间，人们都忽视了互联网和大数据行业的耗能和碳排放。近年来，这一问题逐渐被学术界和工业界讨论和重视，《方案》可以说是在相关的基础上做了加码和保障。

工业领域的产业结构调整无疑是新能源利用和节能的配套措施，《方案》重点点名了钢铁、有色金属、建材和石化化工（此处作为一个行业）四个行业。对钢铁和建材行业的要求是"严禁新增产能"；对有色金属行业的要求是"巩固化解电解铝产能"，加快"再生有色金属产业发展"；对石化化工行业的要求是"严格项目准入"，合理安排建设时序。对这四个行业不同的措辞可以让从业者了解整个行业后续的走向。

4.1.3 各部委和地方的重要文件

在顶层设计文件出台之后，中央层面陆续有"N"个政策出台，包括对重点领域行业的实施政策和各类支持保障政策。除中央外，各省具体实施政策也属于"N"政策。《方案》提到的十大行动已经明确了"N"的政策范围，包括能源、工业、城乡建设、交通运输等行业碳达峰实施方案，以及科技支撑、碳汇能力、能源保障、统计核算、督查考核、财政金融价格等保障政策。中央层面的 56 个文件中，国家发改委参与制定并发布的有 28 个，可以说发改委是在实现"双碳"目标的过程中参与范围最广的部门，这也从侧面反映出"双碳"目标涉及的不仅仅是气候变化，而是事关整个国家的经济社会发展。"N"政策内容众多，其共同特点是均以《意见》和《方案》为纲领，但在内容上，必须结合相应领域和地方进行剖析，本书不作详细解读。

中央层面推出的代表性政策

4.2 主要技术手段

4.2.1 新能源与储能

1. 光伏

光伏发电的主要原理是半导体的光电效应。当光子照射到导电材料上时，它的能量可以被材料中的电子全部吸收，电子吸收的能量足够大，能克服金属内部作用力，离开金属表面逃逸出来，成为光电子。而光伏板（见图 4-1）的硅原子有4个外层电子,如果在纯硅中掺入有5个外层电子的原子(如磷原子),就成为N型半导体;若在纯硅中掺入有3个外层电子的原子(如硼原子),则形成P型半导体。当P型和N型结合在一起时,接触面就会形成电势差,成为太阳能电池。当太阳光照射到P-N结后,空穴由P极区往N极区移动,电子由N极区向P极区移动,形成电流。

图4-1 太阳能光伏板

在《巴黎协定》等政策的驱动以及发电成本快速下降的推动下,全球光伏产业规模持续扩大,步入加速增长阶段。在全球光伏产业蓬勃发展的背景下,中国光伏产业持续健康发展,并已成为全球第一大光伏应用市场。2022年,我国光伏新增装机量为87.41 GW,同比增长59.3%,再次创下年新增装机量的最高纪录,连续10年居全球首位。其中,分布式新增51.1 GW,同比增长74.5%;集中式新增36.3 GW,同比增长41.8%。

光伏产业是当前国际能源竞争的重要领域,分析光伏发电技术的走向,对光伏企业乃至光伏产业的发展至关重要。光伏行业主要分单晶和多晶两种晶硅技术路线。从材料性能来看,单晶的电池转换效率要高于多晶的电池转换效率,多晶的量产转换效率一般在18%到20%,而单晶的量产转换效率一般高于20%(光伏头部企业的产品已经超过24%的量产转换效率)。从成本的角度来看,单晶的切片成本和电池成本均低于多晶,综合成本单晶表现更好,因此目前市场以单晶为主。薄膜太阳能电池也有其特殊应用场景。薄膜太阳能电池的一个重要优点是其适合制作成与建筑结合的光伏组件,可根据需要制作成透光率不同的双层玻璃封装的刚性薄膜光伏组件,从而实现部分代替玻璃幕墙;而采用不锈钢和聚合物衬底的柔性薄膜光伏组件可用于建筑屋顶等需要造型的部分。薄膜太阳能电池具有漂亮的外观,同时用于薄膜太阳能电池的透明导电薄膜能很好地阻挡外部红外射线的进入和内部热能的散失,而双层玻璃中间的

PVB 或 EVA 能够有效隔断能量的传导,起到与低辐射玻璃相同的功能。在土地价格昂贵的地区,薄膜太阳能电池是解决土地成本过高和减少电力输送路径的最佳方案。钙钛矿电池、叠层电池也是未来光伏电池技术重要的发展方向,各国都在着力提升器件性能与稳定性。钙钛矿电池将有望改变光伏应用市场的产业格局。

分布式光伏与其他领域的融合发展也将成为未来光伏发电重要的组成部分。光伏建筑一体化、光伏与交通、新基建设施融合发展等新型应用形式对光伏产品性能、光伏发电系统提出了新的要求,需要结合特异性场景应用条件,持续推动光伏发电相关技术的发展。

2. 风电

风电的核心是风力发电机组,包括叶轮、机舱、塔筒等基础部件。机组利用风力带动风车叶轮旋转,将风能转化为机械能,发电机再将机械能转化为电能,然后电能通过集电线路被输送到风电场升压站,升压后再被输送到电网(见图 4-2)。一般而言,风速越大提供的电能就越多,但风能转换器在风速达到一定数值时,会因为强度过大而容易损坏。在叶片恒定转速的情况下,叶片受力增加,功率就会增加,风机的叶片越大,功率越大,相应发电量就越多。

图 4-2　风电

目前,风电机组尺寸的进一步大型化已成为风电技术的重要发展方向,并随着海上风电开发得以加强。在风场建设成本中,风力发电机组的成本约占 60%。在风机单机功率以及叶轮直径不断增加的进程中,风机机组成本基本保持不变,而单机功率越大,所需机位点越少;叶轮直径越大,其风能捕集能力及风能转化率越高,风电度电成本越低。随着风电机组尺寸的大型化,风电行业应该同时往数字化、智能化方向发展。通过数字化驱动创新,推进能源互联和多能互补,从而实现负荷与电源的统一管理。

全球海上风电发展迅速,我国在海上风电领域表现优异。在 2022 年全球风电整机商排名中，中国风电整机商占据了前10名中的6个席位，前15名中的10个席位。中国海上风电增量占全球的80%，这也让中国超越英国成为全球海上风电累计装机最多的国家。我国海上风电资源极为丰富，相较陆上风电，海上风电具有对环境的负面影响较少、风速更为稳定、空间广阔、允许风机机组更为大型化等优势。中国海上风电资源多集中在东南部沿海地区(福建、浙江、山东、江苏和广东五个省份)，靠近人口稠密、用电需求量巨大、用电增速较快的大中型城市。

3. 绿氢

绿氢是利用太阳能、风能等清洁能源生产出的氢能源，目前主要的技术途径是使用风、光、水、地热等发电，利用电能将水分解为氢气和氧气，或者直接使用光催化分解水制氢等，无论何种方式，碳排放都极低。氢能源的一个重要应用是氢燃料电池车，氢或含氢物质与空气中的氧在燃料电池中反应产生电力推动电动机，最后由电动机推动车辆。使用氢能源的最大好处是它跟空气中的氧反应后仅产生水蒸气，有效减少了传统汽油车造成的高碳排放问题。绿氢在作为能源的同时，本质上也是一种储能技术。氢储能相较于其他储能技术具有长存期、高能量密度的特点。功率、能量可单独优化转换，存放电可以同步进行，不需要分时分段进行。氢储能最直接的应用是将多产生的电力用来制造可储存的氢气，1立方米氢气大约可产生1.35千瓦时电能。常见的加氢站如图4-3所示。

图4-3 加氢站

(图片来源：山东省人民政府网站)

我国的绿氢产业发展尚处于起步阶段，但北京冬奥会使用的绿氢火炬推进了产业发展的进程。为进一步促进绿氢的发展和应用，应在改善相关技术、制定标准和政策等方面发力。在技术方面，有人提出应推进碱性电解槽规模化制氢示范应用，进一步提升其实用性，研发SPE/SOEC等新型电解水制氢技术，攻关电解水制氢系统柔性耦合间歇、波动可再生能源的工程技术难题，并大力开发光催化分解制氢、热化学法制氢、生物制氢、核能制氢等制氢新技术。

4. 储能

储能是将电能转化为其他形式的能量储存起来，在需要用电时，又将储存的能量释放。电能可以转化为动能、势能和化学能等，根据能量转换方式人们将储能分为物理储能、化学储能和电磁储能。

最常见的物理储能便是抽水蓄能，抽水蓄能电站如图 4-4 所示。抽水蓄能的储能量较大，通常由 2 个蓄水库（上池和下池）、水电厂和引水系统组成。在用电高峰或系统需要时，抽水蓄能可利用上下池水位差，将水位势能转化成动能推动水轮机旋转，进而带动发电机发电；而在用电低谷时，可将下池的水再抽到上池储存起来，将电能再次转换为水的势能存蓄在上池中，待系统需要时放水发电。虽然这种储能方式在传输的过程中能量会有损耗，但有效解决了电网高峰和低谷之间的能量供需矛盾。截至 2023 年底，全球抽水蓄能装机容量达到 17913 万千瓦。抽水蓄能是世界上应用最普遍的一种间接储能方式，其优点是调节响应速度快、安全经济可靠，但系统建设往往规模宏大，建设成本投入较高，地理位置要求也较高，且对生态系统存在破坏的风险。

图 4-4　抽水蓄能电站

化学储能也是常用的储能方式之一，其中蓄电池储能是实现电能与电池化学能之间转换的传统化学储能方式，具有能量存储、输出和交换的功能。其转换系统由蓄电池储能系统与电力电子器件构成，该系统实现了蓄电池储能与风电交流电网之间交直流形式转换与能量的双向传递。蓄电池储能种类较多，铅酸电池、锂离子电池、钠硫电池、液流电池等蓄电池目前被较为广泛地应用。铅酸电池是一种电极由铅及其氧化物制成，电解液是硫酸溶液的蓄电池。铅酸电池的材料来源广泛，成本较低，但是缺点是循环次数少，使用寿命短，在生产回收等环节处理不当易造成环境污染。锂离子电池一般包含作为正极的含锂材料、作为负极的碳基材料以及非水电解质溶液，其具有能量密度高、使用寿命长、适用温度范围宽等特点，近年来在电化学储能装机中居于引领地位。但锂离子电池也存在成本较高、安全隐患较多等问题。钠硫电池是一种以熔融金属钠为负极、硫为正极、陶瓷管为电解质隔膜的电池。钠硫电池具有体积小、容量大、寿命长、效率高等优点，在电力储能中广泛应用于削峰填谷、应急电源、风力发电等方面。液流电池一般称为氧化还原液流电池，是一种新型的大型电化学储能装置。与其他储能电池相比，液流电池具有设计灵活、充放电应答速度快、性能好、电池使用寿命长、电解质溶液容易再生循环使用、选址自由度大、安全性高等优点。然而，液流电池能量密度低、能量转换效率低于锂电池，初装成本高。

最后要介绍的是电磁储能方式。超导储能是一种先进的电磁储能方式，其概念起源于 20 世纪 70 年代，原理是通过超导体制成的线圈将电能转换成电磁能储存在超导体中，并在需要时直接释放出来。超导储能在能源释放时无需能量形式的转换，这使其可以无限循环。超导储能的核心部件是超导线圈，其电阻为零，决定了其转换效率高、比容量大、比功率高。超导电流密度高，决定了其响应速度极快(毫秒级)。早期超导储能装置性能优越但是造价昂贵，随着 20 世纪 80 年代高温超导材料的使用，超导储能装置的可靠性和经济性逐步提高。充分利用超导储能的这些优点，可以有效解决风力发电的波动性问题，从而进一步提高电网稳定性。

每种储能方法都有各自的优缺点，在项目开发中选用储能方式时，除了考虑应用场景外，还需要考虑多种因素，主要包括体积容量密度、功率密度、充放电效率、寿命、经济成本和安全环境等方面。只有将多方面的因素考虑进去，才能结合实际场景选择最合适的储能方式。我国的碳中和之路离不开储能行业的发展，储能市场保守预计 2026 年新型储能累计规模将达到 48.5 GW，2022—2026 年年均复合增长率为 53.3%。

4.2.2 CCUS

CCUS 指的是碳捕集、利用与封存(Carbon Capture, Utilization and Storage)，它是碳捕集与封存(Carbon Capture and Storage，CCS)技术的新发展趋势，与 CCS 的区别是新增了碳利用技术。CCUS 将二氧化碳从工业过程、能源利用过程或大气中分离出来，直接加以利用或注入地层进行封存以实现二氧化碳永久减排。它可以捕集发电和工业过程中使用化石燃料所产生的多达 90%的二氧化碳，脱碳水平较高。作为实现 1.5 ℃控温目标的必要技术手段，预计到 2050 年 CCUS 将抵消当前全球碳排放量的 10%～20%。过去 10 年间，

CCUS 产能规模翻了一番。目前全球产能达到4000万吨，其中约半数集中在美国。CCUS 产能目前主要用于天然气加工。自然界的天然气矿床可能含有大量二氧化碳，有些浓度甚至高达 90%，在天然气出售或进一步加工成为液化天然气之前，必须使用 CCUS 技术将二氧化碳分离出来。

1. 碳捕集

碳捕集既是 CCUS 的首要环节，也是 CCUS 流程中成本的主要来源。工业废气和大气中的二氧化碳浓度越高，捕集成本越低。按碳捕集与燃烧的先后顺序可将碳捕集技术分为燃烧前捕集、燃烧后捕集和富氧燃烧捕集。燃烧前捕集成本相对较低、效率较高，但适用性不高；燃烧后捕集虽应用较广，但相对能耗和成本更高；富氧燃烧对操作环境要求高，目前仍处于示范阶段。根据分离过程，碳捕集技术又可以分为物理吸收技术、化学吸收技术、膜分离技术、低温分离技术等。

2. 碳利用与封存

碳利用是通过工程技术手段将捕集的二氧化碳实现资源化利用的过程，利用方式包括物理利用、化学利用和生物利用等，碳利用也是降低 CCUS 实施成本的关键。碳利用的主要目标包括：①使用环保的物理和化学方式处理二氧化碳；②使用二氧化碳产生有用的化学物质和材料，增加产品价值；③二氧化碳用作加工流体或作为能源回收以减少排放；④使用二氧化碳回收时涉及可再生能源，这样可以节省资源，促进可持续发展。

目前我国的碳利用以地质利用为主要方式，化学利用和生物利用相对较少（我们将在 4.2.3 小节详细讨论化学利用）。主要的利用技术包括二氧化碳强化石油开采、二氧化碳驱替煤层气开采、二氧化碳增强页岩气开采、二氧化碳增强地热系统、二氧化碳提高天然气采收率、二氧化碳强化深部咸水开采等。具体来看，地质利用中二氧化碳强化石油开采技术既能封存大量二氧化碳，又能增产石油，兼顾经济与环境效益，短期内具有较高的可行性。二氧化碳强化石油开采研究比较充分，不确定性相对较小；其他技术的相关研究还不够，不确定性高。

目前，利用现有油气田封存二氧化碳被认为是主流方向，这项技术起步较早，最近 10 年发展很快，实际应用效果得到了肯定，也是我国优先发展的技术方向。二氧化碳提高天然气采收率主要是使用剩余天然气恢复压力法。该方法通过将二氧化碳注入即将枯竭的天然气藏恢复地层压力，此时地层条件下二氧化碳处于超临界状态，密度和黏度远大于甲烷，二氧化碳被注入后会向下运移到气藏底部，促使甲烷向顶部运移并被驱替出来。该方法除了提高甲烷采收率，还可以实现二氧化碳封存，并避免坍塌和水侵现象。

3. 行业现状

CCUS 目前在全球数十个国家均有部署，欧美在 CCUS 技术上处于领先地位。根据国际能源署统计，截至 2024 年 3 月，全球范围内有 844 个 CCUS 项目，2022 年之后宣布启动的项目超过 400 个。若按区域进行划分，北美洲和欧洲的项目占比超过 80%，主要原因在于美国及欧洲国家对 CCUS 技术的政策支持力度较强。1972 年美国建成的 Terrell 项目，二氧化碳捕集能力达 40 万～50 万吨每年。1982 年俄克拉何马州 Enid 项目利用化肥厂产生的二氧化碳进行油田驱油，二氧化碳捕集能力达 70 万吨每年。三分之一国土面积在北极圈内的挪威，也是最先开展二氧化碳捕集项目研究的国家之一。1996 年，挪威 Sleipner 项目是世界上首个将二氧化碳注入地下（盐水层）的项目，年封存二氧化碳量近 100 万吨。2000 年，美国与加拿大合作，在 Weyburn 油田注入 Great Plain Synfuels Plant 和 Sask Power 电厂的二氧化碳，提高濒临枯竭油田采油率的同时，累计封存二氧化碳达 2600 万吨。

近年来，加拿大在 CCUS 项目开发上表现优异。2014 年，加拿大 Sask Power 公司的 Boundary Dam Power 项目成为全球第一个成功应用于发电厂的二氧化碳捕集项目。该项目将 150 MW 燃煤发电机产生的二氧化碳捕集后，一部分封存地下，一部分用于美国 Weyburn 油田驱油，二氧化碳捕集能力达 100 万吨每年；2019 年全年，该项目捕集二氧化碳达 61.6 万吨。2015 年，加拿大 Quest 项目将合成原油制氢过程中产生的二氧化碳成功注入咸水层封存，二氧化碳捕集能力达 100 万吨每年，该项目是油砂行业第一个 CCUS 项目，每年减少碳排放可达 100 万吨。截至 2019 年，Quest 项目已经累计捕集二氧化碳达 400 万吨，以更低的成本提前完成了预定目标。Quest 项目是目前全球最大的捕集二氧化碳并成功注入地下的项目。

CCUS 是中国实现“双碳”目标的关键技术抓手，然而目前中国的 CCUS 发展与国际领先水平仍然存在差距。2022 年底，中国已投运和规划建设中的 CCUS 示范项目已接近百个，其中已投运项目超过半数，具备二氧化碳捕集能力约 400 万吨每年，注入能力约 200 万吨每年，分别较 2021 年提升了 33% 和 65% 左右。利用和封存方式呈多样化，多以石油、煤化工、电力行业小规模的捕集驱油示范为主，缺乏大规模的多种技术组合的全流程工业化示范。不过我国已具备大规模 CCUS 工程能力，正在积极筹备全流程 CCUS 产业集群。国家能源集团鄂尔多斯 CCS 示范项目已成功开展了 10 万吨每年规模的 CCS 全流程示范；中石油吉林油田二氧化碳气驱强化采油项目是全球正在运行的 21 个大型 CCUS 项目中唯一一个中国项目，也是亚洲最大的二氧化碳气驱强化采油项目，累计已注入二氧化碳超过 200 万吨；国家能源集团国华锦界电厂于 2019 年开始建设燃烧后二氧化碳捕集与封存全流程示范项目，捕集规模为 15 万吨每年，建成后将成为中国最大的燃煤电厂 CCUS 示范项目；2021 年 7 月，中石化正式启动齐鲁石化-胜利油田项目，将建设我国首个百万吨级 CCUS 项目。

4.2.3 二氧化碳的化学利用

4.2.2 节提及的 CCUS，主要指在物理层面对二氧化碳捕集和利用。二氧化碳的化学利用对碳中和目标来说有着同样重要的意义，其本质也是一种利用，但为了强调与传统 CCUS 的区别，我们对它进行单独的介绍。

从化学的角度来看，二氧化碳分子是典型的直线性对称三原子分子，标准生成热很高(304.38 kJ/mol)，分子十分稳定，很难发生化学反应，要使其还原需要提供大量能量。在催化剂存在条件下，可能与其他化合物反应形成化学储能体系或有用的新材料。在低能耗或零能耗条件下将二氧化碳转化为可重新使用的重要原料，是实现二氧化碳资源化的关键环节。原则上二氧化碳可以化学方式转化为醇、烯烃、醛、酸、醚、酯和高分子等物质，下面我们介绍几种二氧化碳制取的材料。

1. 碳酸二甲酯

碳酸二甲酯(DMC)毒性很低，是一种符合现代清洁工艺要求的环保型化工原料。碳酸二甲酯主要应用于生产聚碳酸酯、电解液溶剂碳酸甲乙酯、碳酸二乙酯等领域。聚碳酸酯市场增长拉动工业级碳酸二甲酯消费快速增长。新能源汽车和动力锂电池产业快速发展，推动锂电池电解液溶剂(含有碳酸二甲酯)需求大幅增加。碳酸二甲酯具有很大的减碳潜力，每吨碳酸二甲酯可消耗约 0.7 吨二氧化碳，且相关工艺技术都已实现工业化，技术成熟度高。2030 年前，碳酸二甲酯是二氧化碳捕集后进行化学利用的较好解决方案，工业级或电池级碳酸二甲酯市场前景可观。

2. PPC 材料

聚甲基乙撑碳酸酯(PPC)材料是采用二氧化碳和环氧丙烷合成的可完全生物降解的塑料，也是最重要的二氧化碳共聚物品种。PPC 材料所固定的二氧化碳的质量分数一般为 30%～50%，在 60 ℃条件下堆肥 9～12 个月可实现完全降解，它开辟了将二氧化碳合成可生物降解聚合物的新领域。PPC 材料的上游原料供应充足，目前制约 PPC 工业化的因素主要是催化剂的活性问题。中国开发出的 PPC 工艺包在全球处于领先水平，未来 5～10 年国内 PPC 产能将快速增加。

3. 甲醇

中国的甲醇生产主要以煤为原料，但二氧化碳制甲醇的技术可行性已经逐步得到了行业认可。当然,二氧化碳制甲醇的经济可行性仍存在问题。目前以燃煤电厂排放的二氧化碳合成甲醇的成本,预计比以化石类原料进行生产的成本高1.3～2.6倍。二氧化碳-甲醇价值链有形成闭环化学循环的潜力,是实现绿色化工和化工行业循环经济的代表性产品链。目前国内多家企业已开始二氧化碳制甲醇项目的投资,部分行业已进入投资建设期。例如,斯尔邦石化引进冰岛CRI的技术建设二氧化碳绿色甲醇项目。中国科学院大连化学物理研究所和中国科学院上海高等研究院也都在进行相关研究,并取得了一系列突破。

通过二氧化碳的化学循环,甲醇经济最终将使人类减少对化石燃料的依赖。人们可以利用甲醇制烯烃和甲醇制芳烃的技术制备烯烃和芳烃单体,再进一步制备成高分子聚合物或其他化工产品,高分子聚合物产品制成的塑料制品可以满足日常生产生活需要。

4. 甲烷

把二氧化碳有效地转化为甲烷是一种潜在的储能方案。现有的以甲烷为燃料的技术早已存在且已得到广泛应用。将二氧化碳转化为甲烷可降低对天然气资源的依赖,并有助于中期内向低排放、清洁燃料过渡。加拿大的一个实验室实现了温和条件下二氧化碳甲烷化反应,转化率为60%～70%,但离工业化生产仍有差距。日本东北电力公司和日立公司成功联合研制了一种二氧化碳转化为甲烷的新型催化剂,其中99%是由活性氧化铝组成的载体,其余1%为覆盖在载体表面上的锰。在常压、300 ℃,二氧化碳与氢气比为1∶4条件下,二氧化碳转化率达90%。

二氧化碳与甲烷重整技术是指在催化剂存在条件下,二氧化碳和甲烷反应生成合成气(CO和H_2的混合物)的过程,这是另外一个有效利用二氧化碳的技术路径。合成气被称为“合成工业的基石”,主要用于合成油品、合成甲醇等大宗化学品。利用二氧化碳与甲烷转化为合成气技术,不仅直接将二氧化碳中的碳氧资源传递到能源产品中,同时将大幅节约我国的煤炭使用量,从而实现二氧化碳双重减排的作用。另外,二氧化碳与甲烷重整过程还实现了这两种温室气体的共转化,并进一步合成可作液体燃料的高碳烃类或烃的衍生物。二氧化碳重整的最大问题是高耗能(因其为强吸热反应)。计算表明,二氧化碳重整所需的能量大于其转化的化学品作为能源放出的能量。换言之,如果其消耗的能量由化石燃料燃烧提供的话,非但不能减排,还会增加排放量,所以该技术要与其他新能源技术结合才有利用价值。

4.2.4 碳汇

碳汇的概念来源于《联合国气候变化框架公约》,指的是从大气中移除温室气体、气溶胶或温室气体前体的过程、活动或机制。

1. 林业碳汇

林业碳汇指的是通过实施造林、再造林和森林管理，减少毁林等活动，吸收大气中的二氧化碳并与交易结合的过程、活动或机制（见图 4-5）。林业碳汇既具有自然属性，又具有社会经济属性。

图 4-5 可开发成林业碳汇的森林

（图片来源：www. freepik. com）

森林在进行光合作用的过程中，将二氧化碳和水分转化成生物质并释放出氧气，这个作用被称作森林的固碳效应。影响森林固碳效应的因素众多，最主要的一个因素是森林的年龄组成。一般森林据其年龄可分为幼龄林、中龄林、近熟林、成熟林和过熟林，其中固碳速度在中龄林生态系统中最大，而成熟林/过熟林由于其生物量基本停止增长，其碳素的吸收与释放基本平衡。森林的年龄结构除取决于森林自身的发展演化外，还极大地受到外来干扰的影响。干扰的频度越高，幼龄林所占的成分越大，其固碳量越少。除此之外，森林的固碳量还受海拔、地形、生态系统、坡度、氮沉降、火灾等多方面影响。

不是所有的林地都可申请开发成林业碳汇，能够进行林业碳汇交易的对象应该是基于被批准的林业碳汇方法学开发的碳汇项目所产生的净碳汇量。其中，关键要素包括两个：①方法学——交易市场的主导者制定的一系列关于碳汇量计算、交易原则等的文件；②净碳汇量——在原先森林林地自然生长过程或正常经营管理之外额外采取相关行动后带来的碳汇增加量部分，净碳汇量等于项目碳汇量减去基线碳汇量，再减去泄漏量。换言之，林业碳汇的碳吸收必须具有额外性：通过碳汇项目的实施，产生的碳汇量必须高于基线碳汇量，且这种额外的碳汇量在没有标的项目时不会产生。碳汇造林(含竹子造林)项目必须是在无林地上实施的造林项目,在采伐迹地、火烧迹地上的造林都不能列入碳汇造林项目。森林经营碳汇项目必须是人工林。

2. 海洋碳汇

海洋是地球系统中最大的碳库之一,也是至今最大的自然碳汇(见图 4-6)。碳元素在海洋中会以颗粒有机碳、溶解有机碳和溶解无机碳三种主要形态存在。自 18 世纪以来,海洋吸收的二氧化碳已占化石燃料排放量的 41.3%左右和人为排放量的 27.9%左右,地球上 55%的生物碳或绿色碳捕集是由海洋生物完成的。

图 4-6 海洋是巨大的碳汇

海洋固碳分为四大类:海洋物理固碳、深海封储固碳、海洋生物固碳、滨海湿地固碳。就海洋生物固碳而言,海洋中的藻类、贝类、珊瑚礁等都有很强的固碳能力。以藻类为例,地球上的光合作用 90%是由海洋藻类完成的。目前,大规模人工养殖的海藻已成为浅海生态系统的重要初级生产力。海洋大型藻类养殖水域面积的净固碳能力分别是森林和草原的 10 倍和 20 倍。据计算,每生产 1 吨海藻,可固定 1 吨二氧化碳。

我国的海洋碳汇潜力很大,拥有渤海、黄海、东海和南海,海域总面积约为 473 万平方千米,每年可从大气中吸收 2.37 亿吨碳,其中渤海每年吸收 300 万吨碳,黄海每年吸收 900 万吨,东海每年吸收 2500 万吨,南海的吸收量则可达到 2 亿吨,它们在气候变化中发挥着不可替代的作用。2021 年 8 月,厦门产权交易中心成立全国首个海洋碳汇交易服务平台;2023 年,宁波率先以拍卖的方式进行了海洋碳汇交易。

3. 湿地碳汇

湿地包括海洋/滨海湿地(如海草层、滩涂、珊瑚礁、红树林沼泽等)、内陆湿地(如湖泊、河流、泥炭地、灌丛沼泽等)与人工湿地(如水库、水稻田、盐田甚至废水处理场所)。湿地生态系统功能独特,不仅具有净化水质、调节气候、固碳储碳、涵养水源、提供生物栖息场所等生态功能,还具有蓄洪防旱、补充地下水、提供丰富的动植物产品、丰富旅游和野外科学场所、传承文化等重要的社会经济功能。

湿地生态系统也是地球上最重要的碳库之一(见图4-7)。湿地中植物种类丰富,植被茂密,植物通过光合作用使大气中的二氧化碳转变为有机碳,与湿地中含有的大量未被分解的有机碳一起,在湿地中不断积累。湿地亦是陆地上碳素积累速度最快的自然生态系统,是陆地上巨大的有机碳库。尽管全球湿地面积仅占陆地面积的4%～6%(即5.3亿～5.7亿公顷),但碳储量却高达3000亿～6000亿吨,占陆地生态系统碳储存总量的12%～24%。

图4-7 湿地

湿地固碳的机理值得我们关注。以泥炭地为例,植物通过光合作用吸收的大气中的二氧化碳,随着根、茎、叶和果实的枯落,堆积在微生物活动相对较弱的湿地中,形成了动植物残存体和水所组成的泥炭。泥炭水分过于饱和而具有厌氧特性,导致植物残体分解释放二氧化碳的过程十分缓慢,从而有效固定了植物残存体中的大部分碳,碳就被“锁”在泥炭土中了。如果湿地中的碳全部释放到大气中,则大气中二氧化碳的含量将增加约0.02%(2021年5月二氧化碳含量为0.0419%),全球平均气温将因此升高0.8℃～2.5℃。

4. 土壤碳汇

土壤里的有机碳最初都来源于大气,植物先通过光合作用将二氧化碳转化为有机物质,然后有机质里的碳以根系分泌物、死根系或者残枝落叶的形式进入土壤,并在土壤中微生物的作用下,转变为土壤有机质存储在土壤中,形成土壤碳汇。简单来说就是土壤可以通过植物从大气中吸收、转化、存储二氧化碳。

全球土壤有机碳库(1米厚土层)约为1.5万亿吨,此外还有约2万亿吨的无机碳。我国土壤有机碳库约为900亿吨,无机碳库约为600亿吨。由于土壤碳库比大气碳库大几倍,因而在陆地生态系统碳循环中,土壤碳的微小变化可能引起大气二氧化碳浓度的较大变化。

对于中国这个农业大国来说,农业土壤固碳值得研究和推广。采取有效的农业管理措施可改变农田土壤碳库的状况,有效增加土壤碳汇。利用农业增加土壤碳汇主要通过以下方式进行。①农业保护性耕作。施用有机肥可改善土壤结构,使用多种管理方法(如少耕制、秸秆还田等)可以促进增加土壤中的有机质含量,使更多的碳返回土壤。这不仅有助于提高土壤碳储存,还可提高生产率。②发明碳吸收土壤。植物、庄稼、树木在进行光合作用时天然地吸收大气中的二氧化碳,然后通过它们遍布在周围土壤里的根系将多余的二氧化碳排放到其中。

4.3 经济管理手段

除了政策支持和技术进步,经济管理工具也是实现低碳转型的关键驱动力。通过将低碳理念与市场体系相融合,合适的经济管理工具可以引导资本流入低碳领域,推动企业家开发低碳产品,激发他们创新和推广的热情,从而推动整个社会的碳减排。经济管理工具使清洁能源更“有利可图”,使能效提升从而获得更大的回报,使低碳产品更具市场竞争力,并将自然碳汇价值化。

4.3.1 碳排放核算与核查

碳排放是关于温室气体排放的一个总称。温室气体中最主要的气体是二氧化碳,因此用碳(Carbon)一词作为代表。二氧化碳等温室气体的排放与气候变化直接相关,无论采用何种经济管理手段去实现减排,都需要对已有的排放情况进行掌握。可以说,对碳排放进行量化是使用其他经济管理工具的基础。

碳盘查(碳排放核算)是以排放企业或机构为单位,自行组织计算其在社会生产活动中各个环节的直接或间接排放的温室气体,也可称作编制温室气体排放清单。根据不同的标准,企业、组织进行碳盘查时,需要计算的温室气体主要包括6种或7种,即二氧化碳、甲烷、氧化亚氮、氢氟碳化合物、全氟碳化合物、六氟化硫、三氟化氮(7种的情况)。如同之前介绍的,由于这些温室气体产生的温室效应的强弱各不相同,人们把不同气体产生的温室效应折算成同样温室效应的二氧化碳的量,然后进行统计。

目前国际上使用最广泛的碳盘查标准是世界资源研究所(WRI)和世界可

持续发展工商理事会(WBCSD)发布的 GHG Protocol 和国际标准化组织(ISO)发布的 ISO 14064。为便于描述直接与间接排放源,为不同类型机构的气候政策与商业目标服务,GHG Protocol 针对温室气体核算与报告设定了 3 个范围。其中,范围 1 指的是直接温室气体排放,主要来自公司拥有和控制的资源的直接排放,分为四个领域,分别是固定燃烧、移动燃烧、无组织排放和过程排放;范围 2 指的是企业由购买的能源(包括电力、蒸汽、加热和冷却)产生的间接温室气体排放,对许多企业而言,该范围是最大的温室气体排放源之一;范围 3 指的是报告公司价值链中发生的所有间接排放(不包括在范围 2 中)。

碳核查则是由具有公信力的第三方依据行业温室气体排放核算方法和报告指南,对企业的碳盘查报告进行审核并出具核查报告或声明的过程。碳核查的对象一般是纳入强制控排的企业,而碳盘查的范围更广,只要有温室气体排放,均可自愿进行碳盘查。

一个衍生的概念是温室气体排放监测、报告、核查(MRV)体系。MRV 源自《联合国气候变化框架公约》第 13 次缔约方大会形成的《巴厘岛行动计划》。《巴厘岛行动计划》对于发达国家支持发展中国家减缓气候变化的国家行动提出可监测、可报告、可核查的要求。MRV 包括监测(Monitoring)、报告(Reporting)、核查(Verification)三个组成部分。在 MRV 这个体系视野里,碳核查是为了确认参与碳排放权交易的排放主体所报告的温室气体排放量是否真实而确立的一种核查、认证制度。MRV 是碳排放交易体系的核心和基石。

4.3.2 碳排放权交易市场

1. 碳排放权交易市场的原理

排放权交易这一概念由美国经济学家戴尔斯在 1968 年首创,《京都议定书》提出把二氧化碳排放权作为商品进行交易的市场机制。可以说,《联合国气候变化框架公约》和《京都议定书》为全球碳交易市场制度的形成奠定了制度基础,通过制度强制性约束二氧化碳等温室气体的排放行为,使其成为具有商品特征的产品。2005 年 2 月,《京都议定书》生效,二氧化碳排放权正式确定为国际商品。

在碳排放交易体系里,政府机构确定覆盖行业范围和覆盖温室气体清单后,设定其经济体中一个或多个行业的排放总量,并发放一定数量的可交易配额,但可交易配额总量不得超过排放总量,每个配额对应一个排放量单位(通常为 1 吨)。碳排放交易体系中受监管的参与者被要求为其每一单位的排放量上缴一个单位的碳排放配额(以下简称“配额”)。政府可以通过免费分配、拍卖或两者相结合的方式发放配额。免费分配包括两种方法,即基于排放实体历史排放量的“祖父法”，以及基于排放基准值及产量的方法。配额分配的目标及相应的设计考虑都会随着时间的推移而变化。在通常情况下，最初通过拍卖发放的配额数量相对有限，但随着时间的推移，拍卖将逐步代替免费分配。

落实碳排放监测、报告与核查制度和执行违规处罚等举措，可确保碳排放权交易体系的环境完整性。建立起一套有效的 MRV 系统将有力促进市场运行及履约工作的开展。注册登记系统也有助于营造碳排放权交易体系的诚信环境，发放配额时在注册登记系统里会对应一个唯一的序列号，可跟踪配额注销或配额交易的流转过程。市场监督规定则保障交易活动具有更广泛的可信度。运行良好的碳市场能够根据外部时间和信息变化有预见地调整价格水平，这对于碳排放权交易市场按照预期运行至关重要。严格的总量控制将减少配额供应，推动配额价格走高，由此形成更强有力的激励机制。

除此之外，自愿减排机制如果设计和实施得当，核证自愿减排量(CER)能有效将碳价信号传递到碳排放权交易市场未覆盖的行业，并为因技术或其他实操原因难以纳入碳排放权交易体系的行业提供减排激励。近年来，作为自愿碳市场主流的第三方独立自愿减排机制在碳信用交易规模方面达到了前所未有的高峰(见图 4-8)。

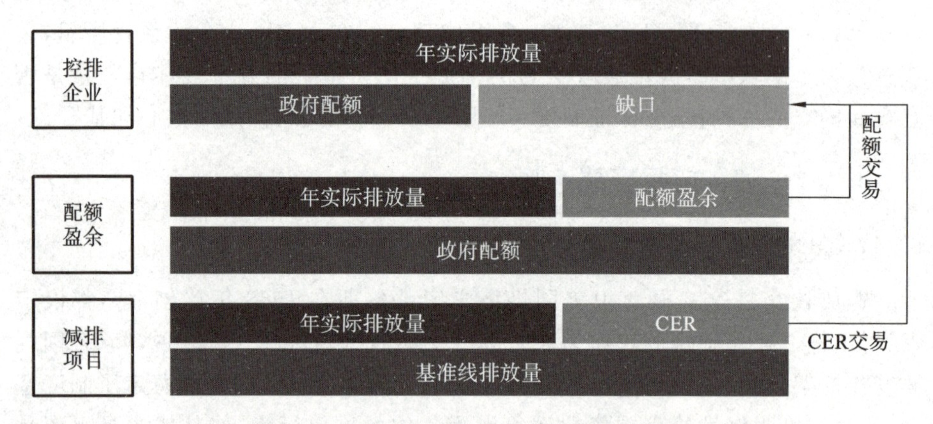

图 4-8　碳排放权交易市场运行机制示意图

2. 国外主要市场

根据世界银行《2023 年碳定价现状与趋势》报告的统计分析，全球从 2021 年的 64 个碳定价机制增加到 2023 年的 73 个投入运行的碳定价机制(见图 4-9)。

欧盟是最早对碳排放定价并开启市场化交易的世界主要经济体，其碳排放定价机制起步早、体系完善，主要包括欧盟碳排放交易体系(EU ETS)、欧盟碳税和“欧盟碳关税”。EU ETS 起源于 2005 年，是目前世界上发展较为成熟的

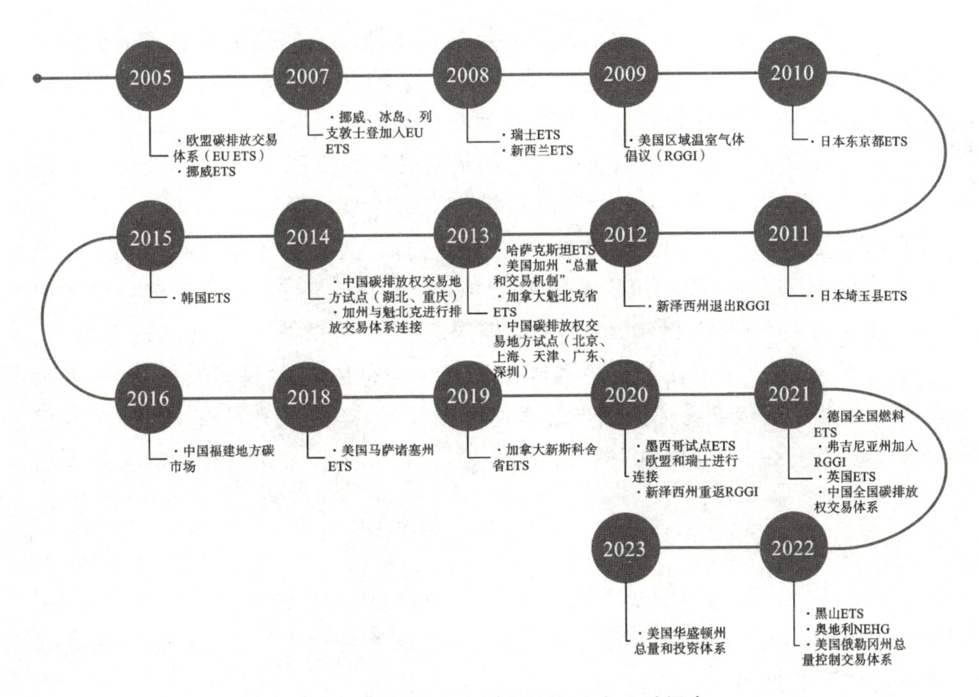

图 4-9　全球碳排放权交易体系建立时间表

碳排放权交易市场。EU ETS 严格执行 Cap and Trade 制度，欧盟成员国需要制定详细的分配计划（NAP）、列出控排企业名单和减排目标，经审查后排放量配额（EUA）会被分配给各部门和企业。目前，EU ETS 覆盖电力部门、工业和航空业，2021 年配额总量约占欧盟碳排放总量的 38%。从市场规模看，2022 年，欧盟 ETS 的碳交易额达 7514.59 亿欧元，比 2021 年增长 10%，占全球总量的 87%。2021 年第三季度，欧盟经济体温室气体排放总量为 8.81 亿吨 CO_2e，与 2020 年相比增长 6%，略低于疫情前水平（2019 年第三季度排放量为 8.91 亿吨）。

EU ETS 的运行包括 4 个阶段：①2005—2007 年，试运行阶段，纳入能源生产和能源使用密集行业，并实行配额的免费分配；②2008—2012 年，冰岛、挪威和列支敦士登加入 EU ETS，管控温室气体增加了 N_2O，纳入航空业，所有行业 10%的配额采用拍卖方式分配；③2013—2020 年，电力行业 100%配额采用拍卖，其余行业 40%配额采用拍卖，克罗地亚加入，管控温室气体增加了 PFC，纳入氨、铝和石化等行业的生产企业，配额总量年递减率升至 1.74%，实施市场稳定储备（2019 年起）；④2021—2030 年，配额总量年递减率升至 2.2%。

欧盟《欧洲绿色协议》一揽子复苏计划以及《欧洲气候法》包含的 2030 年的新目标将催生出更大的气候雄心。为了实现这些气候目标，EU ETS 将进行一系列的改革，进一步确保碳价格信号的长期有效性。这些措施可能包括扩大碳市场的覆盖范围(2030年前可能要纳入海运、运输和建筑等部门)、调整市场稳定储备机制，以及建立碳边境调节税机制防止碳泄漏。

2020年是EU ETS覆盖英国设施的最后一年。英国于2021年1月1日退出了EU ETS，并在同一天开始英国碳排放交易体系的运行，其设计与EU ETS的第4阶段基本一致，涵盖了电力、工业和国内航空部门，每年将减少420万吨的排放量，比英国在EU ETS中名义上的总量份额低5%。英国碳交易市场配额总量将逐年下调，并已于2024年根据国家2050年净零排放曲线进行修订。除此之外，英国政府正在考虑将其碳市场的覆盖范围扩大到其他行业，并表示愿意与包括欧盟碳交易体系在内的其他体系探讨、连接。美洲和亚太地区的部分碳交易市场在“延伸阅读”里有详细介绍，可以作为详细了解全球碳交易市场的参考材料。

3. 国内市场

到2021年，21.4%的全球温室气体排放量由运行中的碳定价工具覆盖，这比2020年的15.1%有了显著增加。这一增长很大程度上得益于中国国家碳排放交易体系的推出。

我国碳排放交易市场建设是从地方试点起步的。2011年10月，北京、天津、上海、重庆、广东、湖北、深圳7省市启动了碳排放权交易地方试点工作。2013年起，7省市试点碳市场陆续开始上线交易。2016年12月，福建省启动碳交易市场，作为国内第8个碳交易试点。几个试点市场覆盖了电力、钢铁、水泥等20多个行业近3000家重点排放单位。四川联合环境交易所亦进行“碳”的交易，但并不涉及控排企业的配额，仅仅交易核证减排量。

2017年末，《全国碳排放权交易市场建设方案(发电行业)》印发实施，要求建设全国统一的碳排放权交易市场。我国碳交易试点在市场体系构建、配额分配和管理、碳排放测量、报告与核查等方面展开了深入探索，为全国碳市场的建设积累了宝贵经验。2020年12月，《碳排放权交易管理办法(试行)》由生态环境部部务会议审议通过。2023年，《碳排放权交易管理暂行条例》被列入年度立法工作计划，全国碳市场制度体系将进一步健全。除了传统的碳配额发放与交易外，抵消机制(核证减排机制)也是碳交易市场的重要部分。我国在试点阶段摸索出了具有中国特色的核证减排量体系，即中国核证减排量(CCER)体系。2012年，《温室气体自愿减排交易管理暂行办法》出台，明确备案核证后的CCER项目可参与碳交易。根据《碳排放权交易管理办法(试行)》规定，目前重点排放单位每年可以使用国家核证自愿减排量抵消碳排放配额的清缴，但抵消比例不得超过应清缴碳排放配额的5%。然而，由于温室气体自愿减排交易量小、个别项目不够规范等问题，2017年3月，我国暂缓CCER交易备案申请。随着全国碳市场在2021年上线交易，CCER作为碳市场重要且有效的补充也需重新启动。2023年10月19日，生态环境部发布《温室气体自愿减排交易管理办法（试行）》，从修改内容中可以看出国家对于规范化CCER交易市场的决心。

全国碳排放交易市场在2021年7月16日正式开始交易，最初覆盖了发电行业2162个实体（2013—2021年任一年排放达到2.6万吨CO_2e的实体）。覆盖企业的年排放总量约为40亿吨二氧化碳，约占全国碳排放量的40%。受监管实体需要在2021年清缴与2019年和2020年的排放量相等的配额。交易首日成交价格超过每吨50元。在发电行业碳市场稳定运行的基础上，将逐步扩大市场覆盖的行业范围。目前，中国的地方试点碳市场继续保持运行，多个地方试点还进一步完善了配额分配、抵消机制和交易相关的规则。在未来一段时间，这些试点碳市场预计将与全国碳排放交易市场并行运行，而与全国碳市场交叉重叠的控排企业将被逐步纳入全国碳市场。全国碳排放交易市场将成为推动中国实现2030年前碳达峰、2060年前碳中和承诺的有力工具。

全国碳市场启动以来，市场运行总体平稳，截至2023年7月14日（两周年），碳排放配额累计成交量达2.399亿吨，累计成交额达110.3亿元。全国碳市场激励约束作用初步显现。通过市场机制首次在全国范围内将碳减排责任落实到企业，增强了企业“排碳有成本、减碳有收益”的低碳发展意识，有效发挥了碳定价功能。主管部门积极稳妥推进制度体系、技术规范、基础设施、能力建设等各项工作任务，推动全国碳市场建设取得积极进展，初步构建了全国碳市场制度体系，形成了“配额分配—数据管理—交易监管—执法检查—支撑平台”一体化的管理框架。

当然，碳排放交易体系的顺利运行仍需要解决一些问题。首先，碳排放核算体系有待完善，碳排放数据质量仍有较大提升空间。企业碳排放统计数据的真实性、完整性和准确性是确保碳市场稳健运行的基础，应进一步规范碳排放核算的统计标准和统计口径等。其次，全国碳市场交易主体和交易品种单一，无法实现行业间优势互补。全国碳市场首期仅纳入电力行业，由于单一行业内的企业在技术水平、要素结构、风险因素等方面较为相似，导致碳市场潜在的结构性风险较大。未来碳市场应积极开发多种碳金融产品。再次，全国碳市场以大宗协议交易为主，日常交易不活跃，交易集中于履约最后期限，日常交易量较少，导致市场无法在长期动态供需关系中形成合理的碳价。大宗协议交易中买方具有一定的垄断地位，降低了碳市场的竞争性水平。最后，碳市场还未真正发挥价格发现的功能，碳价偏离碳减排的边际成本，特别是在煤电成本升高的背景下，碳市场中价格扭曲程度更加严重。

未来,碳市场覆盖范围将从单一发电行业逐步扩大到多个重点行业。预计"十四五"期间,石化、化工、建材、钢铁、有色、造纸等高排放行业将逐步被纳入。全国碳市场扩大重点行业覆盖范围,有助于扩大市场范围,提高资源配置效率。碳市场范围的扩大可以利用行业间减排成本差异,降低总体成本,激励重点行业企业率先达峰。2023年6月,钢铁、石化、建材行业纳入全国碳市场专项研究第一次工作会议相继召开。后又在钢铁行业纳入全国碳市场专项研究第二次工作会议上提出了尽快确定钢铁企业碳配额分配的主要工序、分配基准线及排放量核算方法,完成钢铁行业纳入全国碳市场的初步方案。2023年8月,工信部、国家发改委等八部门印发《建材行业稳增长工作方案》,研究推动水泥行业纳入全国碳排放权交易市场。全国碳市场后续将纳入哪些行业尚未明确。生态环境部正在七大重点行业同步开展研究,采取"成熟一个行业,纳入一个行业"的工作模式,逐步扩大市场覆盖范围。同时这也考验着碳市场监管体系的完整性与有效性。

另外,未来全国碳市场会在配额现货交易基础上逐步发展碳金融。交易品种将从当前的以碳配额为主、CCER为补充,逐步引入期权、期货、远期、互换等碳金融衍生品,不断完善碳交易金融体系。碳市场还将引入投资机构和个人资本。专业碳资产公司、金融机构和个人投资者有望参与全国碳市场,从而提高市场交易流动性。目前碳配额总体相对宽松,一定程度上导致了碳市场交易低迷,预计未来碳排放配额总量将逐步收紧。我国或将借鉴欧盟经验,立足我国国情,按照"稳中有降"的原则,适度降低配额上限,稳步提高碳排放基准线水平,利用拍卖机制进行配额分配,通过增加排放成本提升市场活跃度。

4.3.3 碳税

碳税是对碳排放所征收的税,按照温室气体排放量进行征收。与碳排放权交易机制不同,征收碳税只需要额外增加较少的管理成本就可以实现。碳税对经济增长的影响具有两面性:一方面,碳税会降低私人投资传统行业的积极性,对经济增长产生抑制作用;另一方面,碳税可增加政府收入,扩大政府的投资规模,对经济增长起到拉动作用。

部分欧洲国家已经推出了相关碳税政策。荷兰工业碳税法案(二氧化碳税收行业法案)于2021年1月1日生效,税率为每吨CO_2e 30欧元。荷兰工业碳税面向受欧盟碳排放交易体系约束的荷兰工业设施,以及欧盟碳排放交易体系未涵盖的废物焚化炉和排放大量氧化亚氮的设施收取费用。卢森堡已开始实施的碳税制度涵盖了运输、航运和建筑的排放，汽油税率为每吨CO_2e 31.56欧元，柴油税率为每吨CO_2e 34.16欧元，其他所有除电力外的能源产品税率为每吨CO_2e 20欧元。

2023年4月18日，欧洲议会以487票赞成、81票反对、75票弃权通过了《碳边境调节机制》(Carbon Border Adjustment Mechanism，CBAM。一些学者将此理解为一种碳关税，但目前仍有争议)。CBAM是欧盟对于进口到欧盟的商品根据商品的碳排放量所征收的一种进口关税。欧盟提出碳关税的主要目的是防止碳泄漏，拉平欧盟境内生产产品和进口产品因为碳排放产生的额外成本，提高欧盟产业竞争力。依靠碳关税，欧洲可以将当地绿色产品的成本劣势转化为竞争优势。2023年5月，欧盟公布《建立碳边境调节机制》的正式法令，对碳关税的征收范围、排放量计算、申报要求、各方权责、履约规则和程序等进行了最终明确，并于公布之日的次日生效。过渡期从2023年10月1日起生效，一直持续到2025年底，过渡期间企业只需履行报告义务，即每年需提交进口产品的碳排放数据，以及基于碳排放数据所需的CBAM证书数量，但不需要为此缴纳费用。2026年1月1日开始正式起征碳关税，企业必须在每年5月31日之前申报上一年进口到欧盟的货物数量和温室气体排放量，并缴纳与上述排放量相对应的CBAM电子凭证数量。CBAM法案覆盖的产品包括：电力、水泥、化肥、钢铁、铝和氢。在上述政策完全生效之后，我国相关产品进入欧盟市场的成本将大幅抬升。

碳税不涉及复杂的机制设计，可以覆盖众多排放量较小或不易监管的行业或企业，有效避免了碳泄漏现象，是碳排放权交易机制的有效补充。碳税作为政府税种之一，相对固定，便于企业做好减排安排，也可以增加政府收入，用于投资开发新的减排技术。但同时，碳税作为一个税种，灵活性较差，对碳排放量的影响是间接的。如果频繁调整碳税税率，既面临复杂的立法和行政程序，又会连续干扰企业的成本预测。此外，碳税会增加企业税负，有可能会导致产业外流。

4.3.4 绿色金融

绿色金融大体上可以分为狭义和广义两类(见图4-10)。狭义绿色金融重在强调金融对绿色环保节能产业的支持；而广义绿色金融强调将“绿色”作为金融发展的一种标准和准绳，贯穿于金融活动的始终，贯穿于金融产业自身发展和对其他一切产业的金融支持中。无论何种意义上的绿色金融，本质上都是引导资金流向节约资源技术开发和生态环境保护产业，引导企业生产注重绿色环保，引导消费者形成绿色消费理念的金融手段与工具。

图 4-10　绿色金融就是将低碳环保的理念、行为与经济挂钩

（图片来源：www. freepik. com）

绿色信贷是绿色金融的支柱性产品，也被称为可持续融资或环境融资，指的是银行在贷款过程中，将符合环境监测标准、节能低碳生产和生态保护作为信用贷款的重要考核条件，发放给借款企业用于投向节能环保、清洁能源、基础设施绿色升级和服务等领域的贷款。绿色信贷在国外起步较早。1974 年联邦德国成立了世界第一家政策性环保银行，命名为“生态银行”，专门负责为一般银行不愿接受的环境项目提供优惠贷款。金融机构是国际绿色信贷发展的主要推动力量，在产品创新、风险防范等方面都有着丰富的经验。国际金融机构非常注重绿色金融产品的创新，目前涉及的创新领域主要有住房、汽车、信用卡等。这些创新产品很好地起到了金融“引导”实体经济的作用，并引导消费者形成绿色消费理念。目前国际上较为成熟的绿色信贷产品案例如表 4-1 所示。除此之外，国际金融机构重点从三个方面加强绿色信贷风险防范，为绿色信贷发展提供了有力的支撑。第一，制定科学、严格的环境评估机制和信贷审核机制，代表如花旗银行等；第二，设立专业的绿色信贷机构或部门，如英国针对风险管理产品设立专职做环境金融的部门，负责指导银行对贷款的风险评估；第三，通过环境压力测试量化评价环境风险，代表如英格兰央行等。从 2007 年起，我国开始关注绿色信贷并坚定支持绿色信贷发展。经过多年的探索，我国绿色信贷已形成完整的政策框架。当前我国绿色信贷资产品质整体良好，不良率远低于同期各项贷款整体不良水平，绿色信贷环境效益逐步显现。截至 2023 年 3 月，我国绿色贷款余额超 22 万亿元，约占所有贷款余额的 10%。从效果来看，2022 年支持工具已带动碳减排量约 1 亿吨。

表 4-1　部分与低碳消费相关的国际绿色信贷产品案例

产品	银行	创新产品内容
住房抵押贷款	美国花旗银行	将生活中的用电节能指标纳入贷款资质审查的审批标准；此外，为购买太阳能设备的住户提供便捷贷款
	英国巴克莱银行	从银行的合作伙伴处购买预测能源评估(PEA)，能效等级为 A 或 B 的房屋才有资格获得绿色住房抵押贷款
汽车消费贷款	澳大利亚 MECU 银行	提出“Go Green 汽车贷款”产品，对市场上的车款进行能效和排放评估及分级，根据不同级别设定贷款利率，同时要求贷款者以种树方式来抵消汽车排放
	加拿大 VanCity 银行	推出“清洁空气汽车贷款”，向所有低排放量和使用清洁能源的汽车提供优惠利率贷款
信用卡	英国巴克莱银行	推出“绿色呼吸卡”，对持卡用户购买绿色产品或服务时给予折扣，提供较低的借款利率
	荷兰合作银行	推出“气候信用卡”，持有者购买能源密集型产品或服务后，银行将一部分金额捐献给世界野生动物基金会

除了绿色信贷，绿色债券、绿色发展基金、绿色保险等也都属于绿色金融的范畴。目前，我国绿色信贷在绿色金融中的比重占 90%以上，其他金融产品包括债券产品还相对不足。对于银行等金融机构来说，未来要进一步丰富产品供给，提高服务精准度，积极开发能效信贷、环境权益、碳中和债券等金融产品，以绿色股权投资、绿色并购基金、绿色信托计划等满足绿色发展多元化需求。同时，银行等金融机构应深入参与碳市场交易，推出碳期货、碳期权等金融产品，发展碳质押、碳回购、碳托管等金融服务。

延伸阅读

“双碳”目标相关政策如表 4-2～表 4-8 所示。

表 4-2 《中共中央 国务院关于完整准确全面贯彻新发展理念做好碳达峰碳中和工作的意见》总体要求

		措施与具体要求
总体要求	指导思想	以习近平新时代中国特色社会主义思想为指导,全面贯彻党的十九大会议精神,深入贯彻习近平生态文明思想,立足新发展阶段,贯彻新发展理念,处理好发展和减排、整体和局部、短期和中长期的关系,把"双碳"目标纳入经济社会发展全局
	工作原则	全国统筹:全国一盘棋,强化顶层设计,发挥制度优势,实行党政同责,压实各方责任。根据各地实际分类施策,鼓励主动作为、率先达峰
		节约优先:把节约能源资源放在首位,实行全面节约战略,持续降低单位产出能源资源消耗和碳排放,提高投入产出效率
		双轮驱动:政府和市场两手发力,构建新型举国体制,强化科技和制度创新,加快绿色低碳科技革命
		内外畅通:立足国情实际,统筹国内国际能源资源,推广先进绿色低碳技术和经验
		防范风险:处理好减污降碳和能源安全、产业链供应链安全、粮食安全、群众正常生活的关系,有效应对绿色低碳转型可能伴随的经济、金融、社会风险,防止过度反应,确保安全降碳

表 4-3 《中共中央 国务院关于完整准确全面贯彻新发展理念做好碳达峰碳中和工作的意见》主要目标

	目标年份	指标	目标要求
主要目标	2025 年	单位国内生产总值能耗	比 2020 年下降 13.5%
		单位国内生产总值二氧化碳排放	比 2020 年下降 18%
		非化石能源消费比重	达到 20%左右
		森林覆盖率	达到 24.1%
		森林蓄积量	达到 180 亿立方米
	2030 年	二氧化碳排放量	达到峰值并实现稳中有降
		单位国内生产总值能耗	大幅下降
		单位国内生产总值二氧化碳排放	比 2005 年下降 65%以上
		非化石能源消费比重	达到 25%左右
		风电、太阳能发电总装机容量	达到 12 亿千瓦以上
		森林覆盖率	达到 25%左右
		森林蓄积量	达到 190 亿立方米
	2060 年	二氧化碳排放量	碳中和目标顺利实现
		非化石能源消费比重	达到 80%以上

表 4-4 《中共中央 国务院关于完整准确全面贯彻新发展理念做好碳达峰碳中和工作的意见》实施内容

	工作方向	重点任务
实施内容	推进经济社会发展全面绿色转型	强化绿色低碳发展规划引领
		优化绿色低碳发展区域布局
		加快形成绿色生产生活方式
	深度调整产业结构	推动产业结构优化升级
		坚决遏制高耗能高排放项目盲目发展
		大力发展绿色低碳产业
	加快构建清洁低碳安全高效能源体系	强化能源消费强度和总量双控
		大幅提升能源利用效率
		严格控制化石能源消费
		积极发展非化石能源
		深化能源体制机制改革
	加快推进低碳交通运输体系建设	优化交通运输结构
		推广节能低碳型交通工具
		积极引导低碳出行
	提升城乡建设绿色低碳发展质量	推进城乡建设和管理模式低碳转型
		大力发展节能低碳建筑
		加快优化建筑用能结构
	加强绿色低碳重大科技攻关和推广应用	强化基础研究和前沿技术布局
		加快先进适用技术研发和推广
	持续巩固提升碳汇能力	巩固生态系统碳汇能力
		提升生态系统碳汇增量
	提高对外开放绿色低碳发展水平	加快建立绿色贸易体系
		推进绿色“一带一路”建设，加快“一带一路”投资合作绿色转型
		加强国际交流与合作
	健全法律法规标准和统计监测体系	健全法律法规
		完善标准计量体系
		提升统计监测能力
	完善政策机制	完善投资政策
		积极发展绿色金融
		完善财税价格政策
		推进市场化机制建设
	切实加强组织实施	加强组织领导
		强化统筹协调
		压实地方责任
		严格监督考核

表 4-5 《2030 年前碳达峰行动方案》总体要求

		措施与具体要求
总体要求	指导思想	以习近平新时代中国特色社会主义思想为指导，全面贯彻党的十九大和十九届二中、三中、四中、五中全会精神，深入贯彻习近平生态文明思想，立足新发展阶段，完整、准确、全面贯彻新发展理念，构建新发展格局，坚持系统观念，处理好发展和减排、整体和局部、短期和中长期的关系，统筹稳增长和调结构，把碳达峰、碳中和纳入经济社会发展全局，坚持"全国统筹、节约优先、双轮驱动、内外畅通、防范风险"的总方针，有力有序有效做好碳达峰工作，明确各地区、各领域、各行业目标任务，加快实现生产生活方式绿色变革，推动经济社会发展建立在资源高效利用和绿色低碳发展的基础之上，确保如期实现 2030 年前碳达峰目标
	工作原则	总体部署、分类施策。坚持全国一盘棋，强化顶层设计和各方统筹。各地区、各领域、各行业因地制宜、分类施策，明确既符合自身实际又满足总体要求的目标任务
		系统推进、重点突破。全面准确认识碳达峰行动对经济社会发展的深远影响，加强政策的系统性、协同性。抓住主要矛盾和矛盾的主要方面，推动重点领域、重点行业和有条件的地方率先达峰
		双轮驱动、两手发力。更好发挥政府作用，构建新型举国体制，充分发挥市场机制作用，大力推进绿色低碳科技创新，深化能源和相关领域改革，形成有效激励约束机制
		稳妥有序、安全降碳。立足我国富煤贫油少气的能源资源禀赋，坚持先立后破，稳住存量，拓展增量，以保障国家能源安全和经济发展为底线，争取时间实现新能源的逐渐替代，推动能源低碳转型平稳过渡，切实保障国家能源安全、产业链供应链安全、粮食安全和群众正常生产生活，着力化解各类风险隐患，防止过度反应，稳妥有序、循序渐进推进碳达峰行动，确保安全降碳

表 4-6 《2030 年前碳达峰行动方案》主要目标

	时间	指标	目标要求
主要目标	“十四五”期间	产业结构和能源结构（定性描述）	产业结构和能源结构调整优化取得明显进展，重点行业能源利用效率大幅提升，煤炭消费增长得到严格控制，新型电力系统加快构建，绿色低碳技术研发和推广应用取得新进展，绿色生产生活方式得到普遍推行，有利于绿色低碳循环发展的政策体系进一步完善
		能源消费与 CO_2 排放（定量描述）	到 2025 年，非化石能源消费比重达到 20%左右，单位国内生产总值能源消耗比 2020 年下降 13.5%，单位国内生产总值二氧化碳排放比 2020 年下降 18%
	“十五五”期间	产业结构和能源结构（定性描述）	产业结构调整取得重大进展，清洁低碳安全高效的能源体系初步建立，重点领域低碳发展模式基本形成，重点耗能行业能源利用效率达到国际先进水平，非化石能源消费比重进一步提高，煤炭消费逐步减少，绿色低碳技术取得关键突破，绿色生活方式成为公众自觉选择，绿色低碳循环发展政策体系基本健全
		能源消费与 CO_2 排放（定量描述）	到 2030 年，非化石能源消费比重达到 25%左右，单位国内生产总值二氧化碳排放比 2005 年下降 65%以上

表 4-7 《2030 年前碳达峰行动方案》重点任务

	十大行动	实施方案
重点任务	能源绿色低碳转型行动	推进煤炭消费替代和转型升级
		大力发展新能源
		因地制宜开发水电
		积极安全有序发展核电
		合理调控油气消费
		加快建设新型电力系统
	节能降碳增效行动	全面提升节能管理能力
		实施节能降碳重点工程
		推进重点用能设备节能增效
		加强新型基础设施节能降碳

续表

	十大行动	实施方案
重点任务	工业领域碳达峰行动	推动工业领域绿色低碳发展
		推动钢铁行业碳达峰
		推动有色金属行业碳达峰
		推动建材行业碳达峰
		推动石化化工行业碳达峰
		坚决遏制“两高”项目盲目发展
	城乡建设碳达峰行动	推进城乡建设绿色低碳转型
		加快提升建筑能效水平
		加快优化建筑用能结构
		推进农村建设和用能低碳转型
	交通运输绿色低碳行动	推动运输工具装备低碳转型
		构建绿色高效交通运输体系
		加快绿色交通基础设施建设
	循环经济助力降碳行动	推进产业园区循环化发展
		加强大宗固废综合利用
		健全资源循环利用体系
		大力推进生活垃圾减量化资源化
	绿色低碳科技创新行动	完善创新体制机制
		加强创新能力建设和人才培养
		强化应用基础研究
		加快先进适用技术研发和推广应用
	碳汇能力巩固提升行动	巩固生态系统固碳作用
		提升生态系统碳汇能力
		加强生态系统碳汇基础支撑
		推进农业农村减排固碳
	绿色低碳全民行动	加强生态文明宣传教育
		推广绿色低碳生活方式
		引导企业履行社会责任
		强化领导干部培训

续表

	十大行动	实施方案
重点任务	各地区梯次有序碳达峰行动	科学合理确定有序达峰目标
		因地制宜推进绿色低碳发展
		上下联动制定地方达峰方案
		组织开展碳达峰试点建设

表4-8 《2030年前碳达峰行动方案》国际合作

	合作领域	合作方式
国际合作	深度参与全球气候治理	大力宣传习近平生态文明思想，分享中国生态文明、绿色发展理念与实践经验，为建设清洁美丽世界贡献中国智慧、中国方案、中国力量，共同构建人与自然生命共同体。主动参与全球绿色治理体系建设，坚持共同但有区别的责任原则、公平原则和各自能力原则，坚持多边主义，维护以联合国为核心的国际体系，推动各方全面履行《联合国气候变化框架公约》及其《巴黎协定》。积极参与国际航运、航空减排谈判
	开展绿色经贸、技术与金融合作	优化贸易结构，大力发展高质量、高技术、高附加值绿色产品贸易。加强绿色标准国际合作，推动落实合格评定合作和互认机制，做好绿色贸易规则与进出口政策的衔接。加强节能环保产品和服务进出口。加大绿色技术合作力度，推动开展可再生能源、储能、氢能、二氧化碳捕集利用与封存等领域科研合作和技术交流，积极参与国际热核聚变实验堆计划等国际大科学工程。深化绿色金融国际合作，积极参与碳定价机制和绿色金融标准体系国际宏观协调，与有关各方共同推动绿色低碳转型
	推进绿色“一带一路”建设	秉持共商共建共享原则，加强与共建“一带一路”国家的绿色基建、绿色能源、绿色金融等领域合作，提高境外项目环境可持续性，打造绿色、包容的“一带一路”能源合作伙伴关系，扩大新能源技术和产品出口。发挥“一带一路”绿色发展国际联盟等合作平台作用，推动实施《“一带一路”绿色投资原则》，推进“一带一路”应对气候变化南南合作计划和“一带一路”科技创新行动计划

美洲和亚太地区部分碳交易市场

美国和加拿大都尚未建立全国性的碳排放权交易体系，但有各地联合设立的区域性减排计划，主要有区域温室气体行动(RGGI)、西部气候倡议(WCI)、交通与气候倡议计划(TCI-P)等。RGGI是美国第一个基于市场化机制减少电力部门温室气体排放的强制性计划，于2009年启动，主要涉及电力部门，覆盖区域排放量的20%。目前该行动共涉及美国12个成员州：康涅狄格州、特拉华州、缅因州、马里兰州、马萨诸塞州、新罕布什尔州、新泽西州、纽约州、罗得岛州、佛蒙特州、弗吉尼亚州和宾夕法尼亚州。从2013年起，RGGI开始实施配额总量设置的动态调整，大幅缩紧了配额总量。2014年配额数量较上年削减45%，并在2020年之前均保持每年2.5%的递减速度。在这一政策带动下，RGGI碳市场价格开始稳步上扬。RGGI的具体运行流程与欧盟类似，每个州先根据自身在RGGI项目内的减排份额获取相应的配额，再以拍卖的形式将配额下放给州内的减排企业。不同之处在于，RGGI覆盖下的企业要按照规定安装二氧化碳排放跟踪系统，记录相关数据。随着RGGI各个成员州通过关于2020年后碳市场运行的相关法规，从2021年起，所有12个成员州均实行更加严格的年度总量减量因子和排放控制储备。对于RGGI，各州已设定排放上限，到2030年将电力部门二氧化碳排放量减少到2020年水平的30%以下。

WCI于2007年发起，起初涵盖加拿大4个省份(英属哥伦比亚省、马尼托巴省、安大略省和魁北克省)以及美国的亚利桑那州、新墨西哥州、俄勒冈州、华盛顿州、加利福尼亚州，后来美国蒙大拿州和犹他州又陆续加入。这11个行政区联合设立了WCI方案，并于2010年公开、2011年设立非营利组织。西部气候倡议的碳排放权限制和交易体系包括发电、工业和商业化石燃料燃烧、工业过程排放、运输天然气和柴油消耗以及住宅燃料使用所排放的二氧化碳、甲烷、氧化亚氮、氢氟烃、全氟碳化物、六氟化硫和三氟化氮。在碳市场运行方面，美国的加利福尼亚州、加拿大的魁北克省和安大略省行动积极。加利福尼亚州碳市场与魁北克省碳市场均成立于2012年，又于2014年相互联通。二者均覆盖了工业和大多数高耗能行业，可覆盖的区域碳排放达80%以上。其特点在于价格走廊政策的实施，执行最低和最高限价政策。WCI的运行可分为三个阶段：①第一阶段为2013—2014年，90%以上配额免费分配；②第二阶段为2015—2017年，高泄漏类企业免费得到配额，中等泄漏类企业可免费得到75%的配额，低泄漏类企业可免费得到50%的配额；③第三阶段，中等泄漏类企业免费得到的配额比例下降到50%，低泄漏类企业的下降到30%，高泄漏类企业的不变。

2020年12月,马萨诸塞州、康涅狄格州、罗得岛州和华盛顿特区签署了加入交通和气候倡议计划的谅解备忘录。该计划将对成员州公路运输所涉及的二氧化碳排放设定总量。其时间表为:2021年制定《示范准则》,2022年开始实施强制性报告,2023年开始首个履约期。该计划也对其他州开放,未来预计会有更多州加入。

在北美地区,区域性的交易体系自由度较大,各州可以根据自身实际自主选择。然而这种交易方式带来的是各州为政的局面,以及交易区之间的矛盾重重。

亚太地区的新西兰碳市场(NZ-ETS)成立于2008年,《气候变化应对法(排放交易)2008年修正案》正式确定了碳市场的基本法律框架。其覆盖行业从林业逐步拓展至化石燃料业、能源业、加工业等,在全球碳市场中覆盖的行业最为全面,其定位是覆盖新西兰经济体中的全部生产部门。在覆盖气体上,NZ-ETS将CO_2、CH_4、N_2O、SF_6、HFCs、PFCs等六种主要温室气体品种纳入其中。虽然对于碳配额NZ-ETS并不与任何一个其他碳市场相联通,但作为抵消机制的自愿减排交易量,新西兰政府允许控排主体在国际市场购买国际碳信用额度,或在市场上出售自己未使用的额度而获利。

新西兰在新冠疫情期间对碳市场进行了重大结构性改革,包括为新西兰碳市场设定排放上限、建立配额的拍卖机制和新的价格控制机制,为2021—2025年的气候政策奠定了基础,并使其契合新西兰新制定的2050年前实现净零排放的目标。其他的碳市场改革措施还包括逐步减少对排放密集且易受贸易冲击的行业(即面临碳泄漏风险的行业)的免费分配、林业部门的排放核算规则改革,并计划到2025年将农业部门纳入碳定价机制。

韩国碳市场(K-ETS)成立于2015年1月,是亚洲的第一个全国性碳市场。截至2022年,K-ETS纳入了能源、工业、交通、建筑及废物5大排放部门的684个实体,涵盖全部7类温室气体,覆盖了韩国约74%的温室气体排放量。初始阶段95%的排放配额免费发放,剩下比例将通过拍卖的方式进行分配。

韩国碳市场的发展分为三个阶段:①第一阶段为2015—2017年,纳入了电力、工业、建筑、国内航空和废物5个行业,所有碳排放配额全部免费分配;②第二阶段为2018—2020年,纳入了公共部门,共细分为62个二级部门,97%的配额免费分配;③第三阶段为2021—2025年,纳入了建筑施工行业和大型交通运输业(包括货运、铁路、客运和航运),二级部门增加至69个,增加后覆盖碳排总量提高到覆盖率73.5%,并且免费分配的比例将下降到90%以下。在第三阶段,韩国实行了更加严格的排放上限,更新了配额分配规则,并在此阶段允许金融机构进入基于碳配额的二级交易市场,以完善第二阶段中的做市商制度。

碳排放权交易与碳税对比

碳排放权交易和碳税都是基于市场的经济工具，两者具有共性：均通过设定碳排放价格以内化碳排放的社会成本；可改变生产者、消费者和投资者的行为以减少碳排放。碳排放权交易和碳税的主要区别在于：碳排放权交易是定量制度，政府可决定总排放水平，让市场决定碳价；而碳税是定价制度，政府可设定碳价，让市场决定总排放水平。表 4-9 和表 4-10 将两种体系及它们的优缺点进行了对比。

表 4-9　碳排放权交易与碳税的区别

要素	碳排放权交易	碳税
排放水平的确定性	排放总量为排放上限提供了确定性，使其能够保持和特定政策目标的一致性	征收碳税实现的减排效果很难事前预估，因此很难和整体减排目标始终保持一致
成本有效性	碳排放权交易使得行业间和行业内由于交易逐步提高企业的经济效率。但是市场操纵、流动性不足以及配额价格的过度波动也会降低成本有效性	征税并不能从实体之间以及跨部门的交易中获得经济效率收益，并且不能为受管控实体提供短时的价格灵活性
管理难度和覆盖范围	相较碳税，碳排放权交易的实施更为复杂，除了基础设施之外，还涉及建立配额交易的二级市场，这对主管机构和受管控实体都提出了额外的能力要求。因此，碳排放权交易体系纳入某些行业时难度会更大	与碳排放权交易一样，征收碳税也需要强大的监测、报告、核查系统。但由于碳税的实施依靠现有税收体系，并不需要建立新的用于交易碳配额的相关基础设施，碳税更容易在广泛的行业和部门实施
价格的可预测性	碳价由市场决定，会随经济状况自动调节，但也会导致价格波动。碳价或配额供应调整措施可用于提高碳排放权交易体系中价格的可预测性	碳价由预先确定的税率决定，这为投资决策提供了稳定的价格信号

表 4-10　碳排放权交易与碳税的优缺点及成本对比

机制	原理	效果		成本
		优点	缺点	
碳排放权交易	数量干预，设置排放配额从供给端减排；同时由市场来配置	设置配额后无须进一步干预，交由市场来配置，成本较低，长期效果明显	见效较慢，配额设置不合理将会引发市场失灵，监管不严会导致舞弊行为的出现	体系成本：搭建交易平台和清算结算制度。 管理成本：碳价波动增加企业管理难度。 监督成本：构建市场监督体系
碳税	价格干预，提升价格从需求端减排	见效快，减排成本易于计算，短期内效果明显	如何在不影响企业生产积极性的情况下精准地确定税率和如何防止企业将成本转嫁给消费者等问题尚未解决	信息成本：确定合理的税率需要调研多个行业，预估减排成本和排放对社会的影响。 监督成本：防止偷税漏税

案例与讨论

案例 1：“吉林模式”为美丽中国贡献石油力量

中石油吉林油田气驱强化采油(EOR)项目是全球正在运行的 50 个大型 CCUS 项目中的一个中国项目，也是亚洲最大的 EOR 项目，累计注入 CO_2 超过 200 万吨(见图 4-11)。据统计，吉林油田建成的 CCUS 示范区一次可埋存二氧化碳 206 万吨，动态埋存率 91.6%，通过循环回注可实现二氧化碳全部埋存。吉林油田通过构建全流程 CCUS 产业链，快速推进规模化工业应用进程。目前，吉林油田一期 20 万吨 CCUS 驱油工程开始现场实施，同时正在规划编制百万吨 CCUS 示范区方案。

吉林油田协同上下游完成捕集、驱油、埋存一体化，科学规划 CCUS 工作路线图，高效推动示范区建设。在转变开发方式战略布局的基础上，地面系统践行新理念，开发应用智能管控系统，重构 CCUS 地面管理新模式，打造低碳节能

图 4-11 吉林油田 CCUS 项目

减排安全示范基地。吉林油田优化场站布局,根据气源管网走向合理布站,创新建设模式,采用主体站场+撬装增压的“1+N”模式,控制系统建设规模,提高设备利用率。优化工艺流程,确立了低压超临界输送、高压超临界注入的经济模式,超临界压缩机注入优化为密相注入,注入成本持续降低。创新管理模式,全面推进智慧油田建设,开发智慧管控与决策平台,实现数据互联共享、CCUS 全流程可视化展示和智能预警分析,持续推进劳动组织形式向大巡检与无人值守转变,让智慧油田形成生产力,提升管理效率。

吉林油田利用废弃井场及已建供电线路部署风光电项目,按最大负荷匹配自发自用、余电上网项目,同时,在富余井场部署风电市场并网项目。按照能替则替的原则,利用废弃井实施地热储层和井筒取热,热泵回收污水余热,逐步替代站场天然气消耗,年可替气 3033 万立方米,相当于 4 万吨标煤。结合智能油田建设,部署多能互补智慧管控平台,助力大情字井百万吨产能级 CCUS 基地建设,打造中石油首个智慧化负碳油田示范区。为确保 CCUS 形成产业,近年来,吉林油田形成了拥有自主知识产权的二氧化碳干法压裂装备体系,实施干法压裂 117 口井。“十四五”期间,吉林油田将重点针对页岩油、页岩气、致密油等非常规领域,扩大二氧化碳干法压裂增产试验 150 口井以上,拓展增效途径。同时,研究盐水层埋存和长岭气田注二氧化碳提效技术,提高生产应急调控能力。吉林油田还致力于建设 CCUS 项目全生命周期安全体系,紧密围绕完整性管控核心,优化设备选型、工艺设计,强化二氧化碳驱全流程完整性状况监测与防控措施落实,全面提升 CCUS 项目本质安全。攻关完善二氧化碳地下埋存、地面泄漏等全方位安全监测技术,持续提高二氧化碳埋存安全状况分析能力,形成二氧化碳埋存安全状况评价、泄漏监测等标准体系。

案例 2:国内外经典的零碳建筑

伦敦贝丁顿零碳社区(见图 4-12)位于伦敦西南的萨顿镇,占地 1.65 公顷,于2002年完工。该社区由英国著名的生态建筑师比尔·邓斯特(Bill Dunster)设计,成为英国第一个,也是世界上第一个零二氧化碳排放社区。贝丁顿零碳社区采用热电联产系统为社区居民提供生活用电和热水,尤其是其热电联产工厂使用木材废弃物、附近地区的树木修剪废料等替代化石能源作为燃料发电,是此建筑的一大亮点。

图4-12 贝丁顿零碳社区

(图片来源:维基百科 Tom Chance)

贝丁顿零碳社区通过各种措施减少建筑热损失并充分利用太阳热能。首先,社区建筑的绝缘水平远高于建造时强制性建筑标准的要求。朝南立面上的窗户是双层玻璃,而朝北、朝东、朝西的较小窗户则是三层玻璃。其次,屋顶上装有以风为动力的自然通风管道——风帽。风帽中的热交换模块利用废气中的热量来预热室外寒冷的新鲜空气,因此室内温度不会因为空气的流动而下降。在减少热损失的同时,贝丁顿零碳社区的建筑还注重增加得热,每户住宅都设计有朝阳的玻璃房,可以最大限度地吸收阳光带来的热量。最后,社区建筑的屋顶还种植了大量的半肉质植物,以达到自然调节室内温度的效果。冬天,植物就是防止室内热量流失的绿色屏障;夏天,这些隔热降温的绿色屏障还会开满鲜花,把整个贝丁顿社区装扮成美丽的大花园。

零碳天地(见图4-13)是耗资2.4亿港元打造的香港城市绿洲,包括一栋集绿色科技于一身的两层高建筑,以及环绕其四周的全港首座原生林景区。通过绿色设计和清洁能源技术,它不仅成功消灭建筑自身的碳足迹,还将多余电力回馈城市电网。项目运用了被动式建筑设计,最大限度使用自然资源,力求从源头降低建筑对能源的依赖。建筑物位置、座向及形态均经过巧妙设计,尽量采用该处的大自然热能及通风。考虑香港的高温气候,设计师特意提高绿化覆盖率,比例高达50%,打造了香港首个都市原生林。此外,建筑物采用锥状和长形的形态,能同时增加室内的空气流通和采光,并减少建筑物吸收到的太阳热量;而内部的对流通风布局,可增强自然通风,减少空调需求。在外墙设计方面，项目采用了高性能外墙和玻璃及室外遮阳，降低了建筑物总热传值。

图 4-13 香港零碳天地

（图片来源：Wpcpey）

你认为在城市推广零碳建筑会带来哪些好处以及遇到哪些挑战？

结合案例 1 和案例 2，你认为气候变化和“双碳”目标会带来哪些行业的颠覆性发展？现在这些行业的发展趋势是什么样的？

习题

一、单选题

1. 以下不属于《意见》在宏观方面提出的是________。

A. 强化绿色低碳发展规划引领

B. 优化绿色低碳发展区域布局

C. 健全法律法规以及完善政策机制

D. 暂缓打造低碳循环经济体系

2. 以下不属于《意见》在中观方面提出的是________。

A. 落实领导干部生态文明建设责任制

B. 各省、自治区、直辖市人民政府要按照国家总体部署

C. “一企一策”制定专项工作方案

D. 地方各级党委和政府要坚决扛起碳达峰碳中和责任

3. 根据《2030 年前碳达峰行动方案》，实现碳达峰最重要的行动是________。

A. 能源低碳化　　B. 植树造林

C. 产业结构调整　　D. 增加碳汇

4. 光伏发电的主要原理是半导体的________。

A. 化学发光效应　　B. 光电效应

C. 多普勒效应　　　　　　　　D. 热效应

5. 风电的核心是________。

A. 风力发电机组　　　　　　　B. 变电站

C. 叶片　　　　　　　　　　　D. 输电站

6. 以下关于风力发电说法不正确的是________。

A. 叶轮直径越大，其风能捕集能力及风能转化率越高

B. 叶轮直径越大，则风电度电成本越高

C. 风机的叶片越大，功率越大，相应发电量就越多

D. 风能转换器在风速达到一定数值时，会因为强度过大而损坏

7. 绿氢是利用________生产出的氢能源。

A. 可再生能源/清洁能源　　　B. 天然气

C. 石油与煤炭　　　　　　　　D. 核电

8. 以下关于氢能源说法不正确的是________。

A. 绿氢在作为能源的同时，不能作为储能技术

B. 绿氢作为再生能源的载体，可以担当再生能源转换和存储的角色之大任

C. 绿氢指的是用“绿电”制氢或光催化分解水制氢等方式生产绿氢

D. 氢储能相较于其他储能技术具有长存期、高能密度的特点

9. CCUS 不包括________。

A. 碳捕集　　　B. 碳利用　　　C. 碳封存　　　D. 碳足迹

10. 以下关于 CCUS 说法不正确的是________。

A. 碳捕集主要从工业废气和大气中捕集，CO_2 浓度越高，捕集成本越低

B. 碳利用方式包括物理利用、化学利用和生物利用等

C. 二氧化碳的化学利用对于碳中和目标来说，意义相对不大

D. CCUS 目前在全球数十个国家均有部署，欧美在 CCUS 技术上处于领先地位

11. 以下关于林业碳汇的说法不正确的是________。

A. 林业碳汇指的是通过实施造林、再造林和森林管理，减少毁林等活动，吸收大气中的二氧化碳

B. 所有的林地都可申请开发成林业碳汇

C. 影响森林固碳效应的因素众多，固碳量与森林的年龄组成密切相关

D. 森林的固碳量受到海拔、地形、生态系统等多方面影响

12. 以下关于碳汇的说法不正确的是________。

A. 湿地中植物种类丰富，植物通过光合作用使大气中的二氧化碳转变为有机碳

B. 海洋大型藻类养殖水域面积的净固碳能力分别是森林和草原的 10 至 20 倍

C. 湿地泥炭湿地的碳累积速度非常缓慢，一旦被破坏，碳分解速度也非常缓慢

D. 采取有效的农业管理措施可改变农田土壤碳库的状况，有效增加土壤碳汇值

13. 碳排放权交易里，不包含通过__________发放配额。

A. 拍卖　　B. 基于排放基准值的免费分配

C. 基于历史排放的免费分配　　D. 平均分配

14. 以下关于碳排放权交易市场说法不正确的是__________。

A. 碳排放权交易的市场类型分为一级市场和二级市场

B. 一级市场是对碳排放权进行初始分配的市场体系

C. 二级市场是碳资产和碳金融衍生品交易流转的市场

D. 目前大多数二级市场交易在大量个人投资者中达成

15. 以下碳排放权交易市场最成熟的国家或地区是__________。

A. 欧盟　　B. 加拿大　　C. 韩国　　D. 俄罗斯

16. 全国碳排放交易市场在 2021 年正式开始交易前一共有__________个碳交易试点。

A. 2　　B. 5　　C. 8　　D. 12

17. 以下关于我国的碳排放交易体系说法不正确的是__________。

A. 我国碳市场覆盖范围将从单一发电行业逐步扩大到 8 大重点行业

B. 我国碳排放统计核算体系有待完善，碳排放数据质量仍有较大提升空间

C. 目前我国碳市场交易主体和交易品种单一

D. 我国碳市场的碳价与欧盟保持一致

18. 以下不属于三种主要碳核算方式的是__________。

A. 排放因子法　　B. 质量平衡法　　C. 实测法　　D. 模拟计算法

19. 以下关于碳税说法不正确的是__________。

A. 碳税是对碳排放所征收的税，按照化石燃料燃烧后的温室气体排放量进行征收

B. 欧盟碳关税是针对欧盟以外进口的高碳排放产品，征收额外的二氧化碳排放税

C. 在欧盟碳关税政策完全生效之后，对我国各大有计划进入欧洲市场的产业几乎没有影响

D. 碳税相对灵活，可以覆盖众多排放量较小或不易监管的行业或企业，有

效避免碳泄漏现象

20. 以下关于绿色信贷说法不正确的是__________。

A. 绿色信贷是绿色金融的支柱性产品

B. 当前我国绿色信贷资产品质整体低下，不良率远高于同期各项贷款整体不良水平，绿色信贷效益较差

C. 经过多年的探索，目前我国关于绿色信贷已形成了完整的政策框架

D. 商业银行作为绿色信贷的参与主体，可通过发展绿色信贷，达到社会与经济效益双赢的目的

二、简答题

1. 请列举 2 个《意见》中提出的量化指标。

2. 请列举 2 个海上风电的优势。

3. 请列举 2 种储能方式。

4. CCUS 与 CCS 的区别是什么？

5. 请列举 2 个碳利用技术。

6. 能够进行林业碳汇交易的项目应该包含哪 2 个要素？

7. 我国拥有渤海、黄海、东海和南海，以上哪个海的碳吸收量最大？

8. 请列举 1 个利用农业增加土壤碳汇的方式。

9. 哪两份国际法律文本为全球碳交易市场制度的形成奠定了制度基础？

10. 中国国家碳排放交易体系的运行仍存在许多问题，请列举 1 个存在的问题。

第 4 章习题答案

第5章
绿色校园与青年使命

导读

在面对气候变化这种规模庞大的问题时，我们很容易产生一种无力感。但你并不是真的无能为力。你不成为政治家或慈善家，也一样能有所作为。作为一个公民、消费者、雇员或雇主，你可以发挥自己的影响力。

——《气候经济与人类未来》，比尔·盖茨

为了帮助实现“双碳”目标，许多学校正在积极培养绿色低碳人才、打造“绿色校园”、全面鼓励学生的低碳行为。而当作为学生的你离开校园并踏入社会时，也会发现未来几十年，碳中和将会成为整个社会的大趋势。无论你从事碳中和行业的哪一个环节，都有广阔的施展空间和丰厚的回报。在这个时代，碳中和是青年的使命，也是每个人的人生事业。

5.1 绿色低碳人才培养体系与绿色校园

我国碳达峰碳中和相关人才的培养始于2005年2月，当时《京都议定书》生效。《京都议定书》中的清洁发展机制，使中国企业开始参与国际碳减排项目，由此也产生了相应的人才需求。目前深耕低碳领域的业内人士几乎均源自当时的清洁发展机制项目。2013年，欧盟停止向中国等国购买减排量，导致当时为数不多的碳相关从业者大量流失，余下的从业者转入国内2013年以后陆续开设的区域碳市场。直到2021年7月全国碳市场启动前，碳相关从业者数量保持相对稳定，约1万人。

2021年3月18日，为顺应碳达峰碳中和的趋势以及能源与经济结构变化，人社部将碳排放管理员纳入《中华人民共和国职业分类大典》，成为18个新职业之一。碳排放管理员的定位是：从事企事业单位的二氧化碳等温室气体排放监测、核算、核查、交易、咨询等工作的专业技术人员。该岗位涉及的范围较广，在实际工作中，核算、核查、交易、咨询等每一个环节都是一个独立的专业岗位，且专业技能要求不低。受人社部委托，中国石油和化学工业联合会牵头承担了《碳排放管理员国家职业技能标准》的开发工作。2022 年，碳汇计量评估师、综合能源服务员、建筑节能减排咨询师等新职业也被纳入了《中华人民共和国职业分类大典》中。

2022 年 4 月，为贯彻落实《意见》和《方案》精神，以高等教育高质量发展服务国家碳达峰碳中和专业人才培养需求，教育部印发《加强碳达峰碳中和高等教育人才培养体系建设工作方案》，强调了 9 项重点任务：①加强绿色低碳教育；②打造高水平科技攻关平台；③加快紧缺人才培养；④促进传统专业转型升级；⑤深化产教融合协同育人；⑥深入开展改革试点；⑦加强高水平教师队伍建设；⑧加大教学资源建设力度；⑨加强国际交流与合作。此外，2021 年 7 月，教育部制定的《高等学校碳中和科技创新行动计划》推动高校在碳中和领域进行布局，鼓励聚焦重点技术，对碳中和相关人才培养起到的促进作用也不可忽视。

在社会需求和政策推动下，我国高校正在加速布局“双碳”相关专业。2017 年，上海交通大学中英国际低碳学院开展低碳环境和低碳能源硕士研究生项目，以合作办学的形式开始了低碳技术和碳资源管理领域的办学试验。近两年来，东南大学长三角碳中和战略发展研究院、厦门大学碳中和创新研究中心、北京大学能源研究院碳中和研究所等机构的成立，为我国本土的学科建设做好了储备。教育部公布的 2021 年度普通高等学校本科专业备案和审批结果中，“碳储科学与工程”成为列入普通高等学校本科专业目录的新专业。在产业细分领域，许多高校还新增了“氢能科学与工程”“可持续能源”“生物质能源与材料”等新专业。可以期待，几年之后来自这些专业的毕业生将成为我国碳中和领域的先锋队。作为全国职业教育的领航者，深圳职业技术大学于 2021 年成立了碳中和技术研究院，专门针对碳中和技术的职业技能人才开展培训工作。为营造绿色低碳发展的良好氛围，增强社会公众参与论坛的积极性和参与度，推动绿色低碳理念传播，深圳职业技术大学碳中和技术研究院积极组织开展“杰出碳路青年”系列活动。作为深圳国际低碳城论坛的重要活动之一，高校青年“双碳”知识竞赛连续两年成功举办，向社会展现了高校青年风采，以竞赛的形式进行“双碳”知识的普及推广，取得了良好的社会效益。青年是新时代最富有创新精神的力量，是生态文明建设的参与者和贡献者。引导青年们参与“双碳”科普活动，可以令“双碳”知识及理念在青年人群中推广与普及，进而培养更多关注低碳理念、低碳生活的有志年轻人。

绿色校园的建设是绿色低碳人才培养极其重要的一个方向。1996 年《全国环境宣传教育行动纲要（1996—2010 年）》首次提出了“绿色校园”的概念：在实现校园基本教育功能的基础上，以可持续发展思想为指导，在学校全面日常管理工作中纳入有益于环境的管理措施，并持续不断地改进，充分利用学校内外的一切资源和机会全面提高师生环境素养的学校。2016 年，全国教育工作会议明确提出“以绿色发展引领教育风尚”。国家战略和教育政策都提出要着眼于传播绿色理念、倡导低碳生活，做到“绿色生态”“绿色生活”和“绿色生产”。我国教育从规模发展转向内涵发展，未来学校的设计将更加注重人文、绿色和智慧因素。高标准推进生态化、人文化、智慧化相结合的绿色校园建设对高等教育来说是一项重要任务。随着许多学校如火如荼地进行数字化改造、智慧校园建设，这些“数智元素”协助绿色低碳校园的建设，推动节能低碳技术在校园绿色升级改造中的应用也成为一种趋势。

然而，在我国绿色校园建设中，学校自发的动力缺乏，一些由此引起的问题仍然存在。比如，大多数校园建设遵循几乎相同的规范和建设标准，大部分校园建筑都有着相似的面孔，校园空间缺乏丰富的层次，对区域气候、地形地貌、本土材料、地方文化传统等所带来的影响欠缺考虑。虽然绿色校园的建设已经走过了数年时间，一些学校通过不断实践，也取得了一定的成绩，但仍然任重而道远。

5.2 碳减排从我做起

2016 年，10 部门发布的《关于促进绿色消费的指导意见》是为落实绿色发展理念、促进绿色消费、加快生态文明建设、推动经济社会绿色发展而制定的法规，包括培育绿色消费理念、倡导居民践行绿色生活和消费模式、公共机构带头实行绿色消费、深入反对浪费行为、建立健全绿色消费长效机制几大方向。2022 年 1 月，国家发改委等 7 部门联合出台了《促进绿色消费实施方案》，从国家层面对培育绿色消费观念进行落地部署，引导居民践行绿色生活方式和消费方式，推进公共机构带头进行绿色消费，促进企业增加绿色产品和服务供给。

今天的人们都期待能与自然和谐共存，在满足自身需求的同时，尽可能保护自然环境，推动形成绿色生活方式。其实，生活中的许多细节都会产生碳排放，这些也正是人们践行低碳理念的场景。清晨，一个普通白领被闹钟叫醒，整理好被子，洗漱完毕，吃了一顿丰盛的早餐，整理好衣服，开着汽车去上班。到了办公室，打开电脑，打开空调。完成了一天的工作，晚上开车回到家，打开电灯，点了外卖，最后洗了个热水澡，换上网购的睡衣，闭上眼睛进入梦乡。一天的生活结束了，在这一天的工作生活中，哪些地方产生了碳排放？

很多人认为电器的用电、车辆的汽油消耗以及晚上洗澡的燃气消耗是个人碳排放的主要来源，因为电力主要是靠燃煤发电，开车用的汽油和洗澡用的天然气都是化石能源。这种想法是正确的，但不全面，因为这种观点只看到了直接的化石能源消耗，而这部分碳排放只占个人总碳排放的10%左右。个人碳排放的主要部分来自间接排放，包括住的房子、穿的衣服、开的车、使用的所有电器等在建造或生产时产生的排放。全新的环境挑战需要我们作出行为改变，行为改变的话题也已经跨越学科被广泛研究。一份个体行为对减少排放可能产生的作用的报告报道了一个数据：2020年至2050年期间，个体行为可能促成全球排放减少五分之一到三分之一（19.9%～36.8%）。所以，保护环境应该聚焦个人的低碳生活，而且低碳生活离人们并不遥远，只需要一个习惯、一个动作就能为地球增添一份绿色。

5.2.1 饮食

IPCC的评估报告提到，人类选择的食物、烹饪的方法以及处理相应垃圾的方式都会对温室气体排放产生重要影响（见图5-1）。联合国粮农组织（FAO）估计，全球生产用于消费的食物中有三分之一没有到达最终用户手里，导致了每年数十亿吨CO_2e的排放，接近人类温室气体排放总量的10%。这意味着食物浪费导致的全球排放量几乎和全球道路交通的排放量相当。FAO还估计，高收入国家食物浪费的人均排放足迹是低收入国家的两倍多。食物浪费在供应链的各个阶段都存在，浪费导致的最高的碳足迹发生在最终消费阶段，因为供应链中的食物损失碳密集度更高，占浪费的食品总量的22%，总排放量的35%以上。在发展中国家，大部分的食物浪费发生在农场和配送阶段。据估计，食物方面的解决方案（避免浪费）在减少排放问题上的效益是巨大的，每年减少的排放量为13亿～45亿吨CO_2e，到2050年，累计减少排放量超过700亿吨CO_2e。

使用清洁炉具亦能降低碳排放。世界上有约30亿人使用传统炉具和生物质燃料。传统的烹饪方式会产生温室气体排放，包括从森林中收集燃料的过程以及烹饪的过程，两者加起来占了全球温室气体排放量的2%～5%。由于使用者在烹饪过程中接触到炭黑，长期使用传统炉具还对健康有影响。如果全球使用1亿台改进后的炉具来代替传统炉具，全球排放可以减少11%～17%。

5.2.2 交通

在全球大规模城市化的背景下，交通领域应该尽快采用低碳技术实现低碳化。技术革新对于实现减排目标非常重要，但是个人和家庭的活动也是实现交

图 5-1 传统的烹饪方式会产生大量温室气体排放

通碳减排的重要动能。目前，很多的交通低碳技术已经存在，我们只需要在更大范围内推广此类技术。以下的行为方案包括零排放或低碳的出行方式，一旦规模化推广，能够大幅减少交通领域排放。①驾驶新能源汽车（电动汽车）而不是传统燃油汽车。电动汽车由电机和高性能电池驱动。相较燃油汽车，电动汽车在行驶阶段可以减少 50%～95%的排放。②市内出行选择公共交通。与共享出行一样，公共交通（如公汽、地铁、有轨电车、通勤列车）可以减少私家车的使用，而私家车是当今世界增长最快的碳排放源。公共交通实时追踪软件的使用、公共交通不断提升的效率及可靠性已使其成为人们更加倾向的选择。此外，公共交通还减少了出行的车辆数量，缓解交通拥堵的同时，也让人们的出行更加安全，活动范围更广。③利用视频会议技术召开会议，避免乘坐商业航班前往远距离的会议地点参加会议。在企业中更多地使用远程呈现和视频会议技术，可以减少出差带来的碳排放。减少企业员工坐飞机出差的频率也是直接降低航空业排放的方法。如果用远程会议的方式代替亲自赴会，每年全球可减少 1.4 亿人次的差旅飞行，那么可以在 2050 年之前减少 20 亿～170 亿吨 CO_2e 的排放。④建设适合步行的环境，让市民在市内选择步行出行。全世界人们每天步行的平均时间只有 7 分钟，而选择开车的时长却是走路的 7 倍。与骑行一样，步行可以减少碳排放（见图 5-2），改善空气质量，对个人健康有诸多好处，是一种简单且无成本的交通方式。建设步行友好型城市不仅让短距离步行成为可能，还让人们享受步行过程。如果用步行代替车辆出行的比例能上升 5%，那么全球可以在 2050 年之前减少排放 30 亿～110 亿吨 CO_2e。

5.2.3 能源消耗

如果人类不对当今的能源结构做任何改变，能源领域的碳排放到 2050 年将至少翻一番。个人选择合适的工具可以大大减小能耗，从而避免间接排放。

图 5-2　步行可以减少碳排放

以下举几个能够减少个人使用能源产生排放的例子。①利用太阳能辐射预热或加热水以供家庭和楼宇使用。全球住宅能源需求中有25%是对热水的需求，用太阳能烧水可以减少50%～70%的燃料需求。太阳能热水器大大节约了能源，回本时间快，可持续为用户带来长期的经济效益。塞浦路斯、以色列等国目前的太阳能热水器使用率已达到了90%，从20世纪80年代起，他们就颁布了推广太阳能热水器的政策。如果到2050年，太阳能热水器能占据25%的市场份额，全球就可以减少60亿～180亿吨CO_2e的排放。②在家中安装可以控制供暖和供冷的装置来替代传统的温度计，可以最大化地实现节能。当前的趋势显示，大部分有温度计的房主并没有用它们来设置温度以实现能源使用最优化。智能温度计可以存储有关房主喜好的数据，同时还可以在白天和黑夜调整供暖和供冷模式。这就可以节约10%～15%的能源，同时还能将家庭的温度维持在一个舒适的水平。如果智能温度计能在2050年以前被46%的联网家庭使用，就有可能减少26亿～58亿吨CO_2e的排放。

5.3　碳中和：每个人的人生事业

5.3.1　学习与就业

前面的多个章节已经介绍了大量为了实现"双碳"目标所需要的技术和行业，而它们都可以作为青年学子在学习方向和就业方向上选择的对象。碳排放管理行业是碳中和时代最重要的行业之一，所有的行业都离不开对碳排放的管理。作为一个新兴行业，该领域未来的人才缺口很大，所以选择这个行业就意味着拥有很大的成长空间。工业节能、清洁能源、能源互联网、储能、生态碳汇等方向，未来的市场空间和人才需求也都很大，所以相关专业也是不错的选择。

氢能、碳捕集、新农业是未来的深度脱碳技术领域，愿意布局未来的青年可以考虑。一些传统的高能耗制造业如钢铁、水泥、纺织、玻璃、造纸、化工等，它们不会消失，只是未来的生产工艺可能会发生翻天覆地的变化。如果你打算选择这些领域，请记住一定选择最先进且最低碳的方向。

碳排放管理行业的具体业务方向繁多，对于早期的从业者寻找合适的切入点至关重要。总体来说，碳排放管理业务大体可以分为三个方向：碳排放核算与核查方向、企业碳资产管理方向和碳交易市场方向。碳核算与核查方向是碳排放管理的基础，所有纳入管控的企业都必须强制进行排放的计量，随着管控范围的增大，该领域的就业人数会不断增多。该行业从业者的主要工作是在企业现场进行调查，根据企业提供的数据进行排放量计算并核验数据真实性。企业碳资产管理方向是以帮助企业实现碳中和并从碳资产的经营中获得利益的方向，这个方向的从业者既可以在第三方咨询公司任职，也可以去企业担任专业管理者。企业如果在碳资产管理方面表现优异，不仅能够获得直接的利润，还能提高公众形象，获得其他间接收益。这个方向的从业者需要较广的知识面，同时具备协调能力和管理能力。碳交易市场方向则是以碳资产交易和碳金融为主的业务，这类业务要求从业者站在市场第一线，需要很强的商业能力和金融知识。除此之外，一定的股票投资经验也能帮助从业者，因为碳交易业务与股票交易比较类似。碳交易市场方向是收益最高的业务，在全国碳市场启动后，获益最大的也就是从事这个业务领域的从业人员。

5.3.2 投资理财

“双碳”目标会增加许多新的投资机会。清洁能源和新能源汽车是最根正苗红的碳中和产业，也是现阶段碳中和概念中最成熟的赛道。清洁能源相关技术未来仍有大的迭代空间，如固态电池、钙钛矿技术等，所以如果对技术迭代研判有信心，就可以继续投资对应行业的龙头企业。节能也是实现碳中和很重要的手段，它涉及的领域特别广泛，我国的工业企业也确实有很大的节能空间。传统的余热余压利用和电机变频改造等技术已经发展得较为成熟，并且竞争激烈，未必是好的选择。未来更多的节能空间会来自各行业自身工艺技术的低碳化突破，如氢能炼钢，以及工厂智能化带来的节能，如工业物联网、人工智能控制、数字孪生技术等，相关的企业会是不错的投资标的。

高能耗行业在“双碳”目标背景下会产生两极分化。碳排放强度低于平均水平的企业将会从碳市场中获益，从而有更多资金进行低碳技术迭代；碳排放强度高于平均水平的企业将会在碳市场受损，让自身的成本越来越高，最终被市场淘汰。除此之外，碳排放/能耗双控制度会给部分省份的企业生产造成很大压力。2021年已经出现过因能耗超标而导致企业减产停产的情况。所以在投资高能耗行业时,也应考虑相关企业的碳排放强度是否处于行业内较低水平,其次要考虑相关企业工厂所在地区是否承受很大的碳排放/能耗双控考核压力。

5.3.3 企业经营

作为青年的你,是否想过在未来成为企业家或公司职员时,应该如何参与碳中和行动?作为企业的一分子,你可以推动企业履行减排责任。事情有易有难,即便是容易做的事也很重要。对此,比尔·盖茨在他的著作《气候经济与人类未来》一书中提出了一些建议。

首先,开发创新型低碳解决方案。投资新创意原本是大多数行业的骄傲所在,但企业研发的光辉岁月已经一去不复返。平均来看,目前航空航天、材料和能源等行业的公司,研发投入占营业收入的比例不到5%(软件公司的研发投入占营业收入的比例可达15%)。公司应该重新开始重视研发工作,特别是低碳创新活动,因为其中的很多创新都需要长期投入。大型公司可以与政府研究机构建立合作关系,将实践中的商业经验引入研发活动。

其次,做新技术的早期采用者。同政府一样,企业也可以通过大规模的产品采购加快新技术的采用进程,包括建立由电动汽车组成的公司车队、购买低碳材料以建造或装修公司办公楼、承诺使用一定数量的清洁电力,等等。在世界范围内,很多公司已经承诺在运营中广泛使用可再生能源电力,包括微软、谷歌、亚马逊和迪士尼等。航运公司马士基已表示到2050年将净排放量降低为零。即便这些承诺很难实现,但至少他们向市场发出了重要信号,表明开发"零碳"技术的价值。在看到这些需求后,创新者就会知道有一个市场正等着购买他们的产品。

再次,参与政策制定进程。企业应该积极跟政府合作,就像政府不应该排斥跟企业合作一样。你可以在企业里倡导实现零排放,并为那些有助于实现零排放的基础科学研究和应用研发项目提供资金支持。

最后,与政府资助的研究项目建立联系。企业应该为政府的研发项目提供建议,使其基础研究和应用研究集中在那些最有可能转化为产品的创意上。未来的青年们加入行业顾问委员会和参与项目规划活动,是影响政府研发项目的低成本方式。企业也可以通过成本分摊协议和联合研究计划等方式为研发项目提供资助。

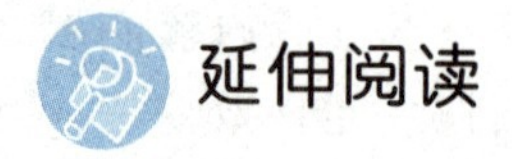

延伸阅读

植 物 肉

植物肉是一种具有类似于肉的风味和组织口感的素食。它通常以植物蛋白(大豆蛋白、花生蛋白、小麦面筋等)为主要原料,通过挤压蒸煮等现代食品加工工艺形成类似于肉组织的口感,通过美拉德反应和/或添加肉味香精形成类似于肉的风味。

联合国全球契约组织的《企业碳中和路径图》报告指出,食品摆上餐桌前需经研发、收获、加工、分销、零售到储存的层层环节,每个环节均会产生温室气体。有研究表明,肉类产生的碳排放是蔬菜类的10～200倍,其中牛养殖的碳排放远远超出其他动物,每千克碳排放量达到60千克。与制作标准牛肉汉堡相比,制作基于大豆蛋白的人造肉汉堡所产生的温室气体排放量减少90%,能源消耗减少46%,对水资源的影响减少99%,对土地的影响减少93%。

植物肉和真正的肉营养成分相似,大豆蛋白和肉类的蛋白都是完全蛋白质,蛋白质的利用率也都很高。植物肉均不含反式脂肪和胆固醇,而是囊括了植物里的碳水和膳食纤维,比真肉更有利于健康。植物从饮食安全来讲,家畜养殖场养殖的牲畜肉类可能会存在抗生素耐药菌,给食用者的健康带来危害。相比之下,植物肉不含胆固醇,同时也不会受到疫病风险的冲击。

欧美国家近年来环保主义、动物保护和素食主义逐步兴起,人们更加追求对环境和社会影响更为正面的饮食方式,而以植物蛋白为主的植物肉生产更节能环保,与养殖动物相比消耗的资源更少,已经拥有一定规模的消费群体。

在中国,由于经济水平、饮食习惯等差异,植物肉市场目前处于导入阶段。随着国内市场对植物肉接受度的增强,国外各大品牌陆续登陆中国市场。Beyond Meat于2020年7月开始在盒马鲜生上架植物肉产品;2020年12月雀巢正式发布嘉植肴品牌,将植物基系列产品全面推向中国市场;2020年12月联合利华旗下的植物肉品牌植卓肉匠在中国上市。同时国内本土创业品牌涌现,包括星期零、未食达、珍肉等一批创业公司,以及金华火腿、双塔食品等上市公司。

植物肉行业颇受资本的青睐。2013年,比尔·盖茨在吃过了人造肉公司Beyond Meat的一款无肉鸡肉卷之后,决定对其进行投资。著名影星莱昂纳多·迪卡普里奥,Twitter的联合创始人埃文·威廉姆斯和比兹·斯通,以及麦当劳前任首席执行官唐·汤普森等,也都参与了对Beyond Meat的投资。2014年,投资公司Horizons Ventures向位于纽约布鲁克林的人造肉初创公司

Modern Meadow 注资 1000 万美元，用于人造肉的加速研发及规模的扩大。

目前，植物肉当然也有其明显的弊端。植物肉处于起步阶段，不成熟的生物技术也导致植物肉研发慢、创新低，市场产品同质化严重。从消费者的角度考虑，目前植物肉生产成本远高于真肉，因此售价也高于真肉。在这样的情况下，如何解决消费者"在吃得起肉的消费水平下，愿意去消费'假肉'"，才是植物肉市场亟待解决的核心问题。

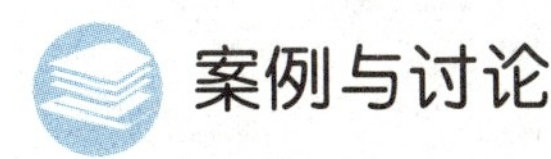

案例与讨论

案例 1：国内外绿色低碳校园实例

美国麻省理工学院 David H. Koch 癌症综合研究所（见图 5-3）是第一个 LEED 黄金认证的研究实验室。在 LEED 认证的背后，研究所有许多可持续的设计元素，例如，雨水过滤和建筑垃圾管理，管道系统和供热通风与空气调节(HVAC)系统的设计，这些元素加在一起构成了一流的能源性能。研究所总共 33166 m^2 的结构与超过 25 个学院实验室和数以百计的大功率设备，消耗了比预计更少的能量。根据平均的能耗水平，工程师预计电力高峰需求为 162 W/m^2，而事实上这个数据是 42 W/m^2。在最冷的日子里，蒸汽的热量预计达到每小时 15.876 t，而实际蒸汽热量约为每小时 9 t。该建筑的最大冷却需求工程师预测的是 3350 t 冰水，而实际上是 2354 t 冰水。与标准的实验室研究大楼相比，该建筑的总能耗降低了 30%以上。

图 5-3　麻省理工学院癌症综合研究所

（图片来源：ki. mit. edu）

华南理工大学广州国际校区是华南理工大学与阿里云携手打造的智慧节能绿色校园。学校利用数字化技术，探索低碳节能智慧校园发展之路。在打造智慧校园的同时，学校充分认识到数字化转型所产生的变化和挑战。校园室内外灯光系统和室内空调系统设备定时启停，使师生不仅拥有舒适的工作学习环境，还能提高能源使用率，降低运营成本。学校研究人员在具体场景的节能算法设计上进行了人性化实践。在放假状态下，系统可统一时间段关闭办公楼层灯光，通过移动端即可实现远程管理和控制，所有状态一目了然。绿色节能平台为中央空调系统实现节能，通过主机运行参数采集和大数据分析，确保主机在任何负荷条件下都处于最佳运行工况，保持效率最高、能耗最低。平台还可以利用机器学习算法对每日冷量需求进行预测，根据预测值选择合理的冷机开启台数与开启时间，这样可以有效防止供冷不足或过度供冷。

案例 2：个人低碳生活

张威与陈彬彬夫妻可以用志同道合来形容，两人为福州大学环境工程专业直系师兄妹，相识于福州大学绿色联盟环保协会，同属绿色低碳生活践行者。不论生活、工作，还是对孩子的培养，他们均秉持可持续生活理念，在环保道路上搀扶前行。在大学读书时，他们先后作为福州大学绿色联盟环保协会会长，组织、参与哥本哈根会议后的“地球一小时”“减碳壹加壹”等多项大型环保行动。在现实的生活中，他们践行绿色低碳生活：奉行节能节俭的生活方式，倡导资源再利用的行为准则，他们自己和孩子的衣物、玩具、读物等，几乎都是亲朋赠送的旧物或二手淘的“宝贝”。在亲朋、邻里的印象中，他们是真正的环保卫士。在工作之余，他们常组织、参与各类与环境相关活动，闽江净滩、海洋净滩、垃圾分类、废油制皂、堆肥、旧物回收、旧物交换、自然教育、土地教育等活动已成为他们生活中不可分割的一部分。他们因环保相识，因环保结缘，因环保相守。在领导、长辈、亲朋、同事的理解与支持中，他们这个小家庭从稚嫩逐步走向成熟，上榜了“2022 年福建省绿色家庭”名单。相信在未来，他们仍将用自己的行动影响身边的更多人共同参与环保事业。

来自广西南宁的刘畅是生态环境部 2021 年绿色低碳典型案例入选人之一。刘畅表示：“绿色低碳生活是参与环境保护的方式之一，也是每个人容易做到的，只有自己成为绿色低碳生活的践行者，对他人才更具有说服力、影响力。”在推动公众绿色低碳生活方式转变的道路上，刘畅认为转变应当从自己做起，再去影响他人。刘畅大大的背包里装着她每天出门必带的“零废弃五宝”：便携餐具、打包硅胶袋、水壶、不锈钢吸管、环保袋。在生活中，她购买环保产品、穿二手衣服、绿色出行、厨余垃圾堆肥，她希望借由自己小小的举动从源头减少垃圾的产生，减少个人行为对环境的影响，通过知行合一的方式，影响身边的人践行绿色低碳生活。刘畅所在的南宁市绿生活社会工作服务中心，一直都致力于碳达峰碳中和目标的实现，力求影响更多的伙伴共同保护环境，共享绿色生活。2019 年至 2022 年，他们在 8 个社区培育了约 200 名志愿者，有效推动了社区垃圾减量和垃圾分类。“不少青年人通过参加活动，生活方式有了转变，如减少网购和外卖，尽量堂食、自带购物袋等。”刘畅说。

你认为学校、社区应该做些什么才能高效地向个人推广绿色低碳生活理念？

习题

一、单选题

1. 全国碳市场启动前，我国碳相关从业者数量约为__________人。

A. 1万　　B. 10万　　C. 50万　　D. 100万

2. 2020年至2050年期间，个体行为可能促成全球减少__________的排放。

A. 80%～100%　　B. 50%～70%

C. 20%～40%　　D. 5%～10%

3. 如果人类不对当今的能源结构作出任何改变，能源领域的碳排放到2050年将__________。

A. 增加50%　　B. 翻一番

C. 翻两番　　D. 没有明显改变

4. 在碳中和时代下，以下哪个行业的未来市场空间会越来越小？

A. 煤油气开采　　B. 储能　　C. 碳捕集　　D. 能源互联网

5. 以下哪个不属于碳排放管理业务方向？

A. 企业碳资产管理　　B. 碳排放核算

C. 碳交易　　D. 光伏发电站管理

6. 以下关于绿色低碳人才培养体系的表述，不正确的是__________。

A. 我国碳达峰碳中和相关人才的培养始于2005年2月，当时《京都议定书》生效

B. 实现碳达峰碳中和，是一场广泛而深刻的经济社会系统性变革，对加强新时代各类人才培养提出了新要求

C. 尽管“双碳”目标已经提出，但是各高校对碳中和相关学科专业的建设布局进度不变

D.《京都议定书》中的清洁发展机制，使中国产生了相应的人才需求，目前深耕低碳领域的业内人士几乎均源自当时的清洁发展机制项目

7. 以下表述中不正确的是__________。

A. 在化石能源时代，所有人类创造和生产出来的东西，都或多或少地消耗

了化石能源、产生了碳排放

B. 人类选择的食物、烹饪的方法，以及处理相应垃圾的方式都会对温室气体排放产生重要影响

C. 在大规模城市化的背景下，交通领域应该采用低碳技术实现低碳化

D. 碳中和只与政府单位和企业有关，与个人无关

二、简答题

1. 2021 年，《中华人民共和国职业分类大典》纳入的与“双碳”行业相关的新职业是哪个？

2. 我国建设绿色校园面临的最大难题是什么？

3. 个人在交通领域的碳减排可以从哪些方面着手？

第 5 章习题答案

主要参考文献

[1] 中共中央 国务院. 中共中央 国务院关于完整准确全面贯彻新发展理念做好碳达峰碳中和工作的意见[R/OL]. [2021-10-24]. https://www.gov.cn/zhengce/2021-10/24/content_5644613.htm.

[2] 国务院. 2030 年前碳达峰行动方案[R/OL]. [2021-10-26]. https://www.gov.cn/zhengce/content/2021-10/26/content_5644984.htm.

[3] UNFCCC. The Paris Agreement[R]. Paris: United Nations Framework Convention on Climate Change, 2015.

[4] UNFCCC. Kyoto Protocol to the United Nations Framework Convention on Climate Change[R]. Kyoto: United Nations Framework Convention on Climate Change, 1997.

[5] 杨新兴. 地球气候变化及其主要原因[J]. 前沿科学,2017,11(3):10-17.

[6] 王慧,刘秋林,李文善,等. 气候变化中海洋和冰冻圈的变化、影响及风险[J]. 海洋通报,2020,39(2):143-151.

[7] 胡永云. 气候系统和全球变暖——解读 2021 年诺贝尔物理奖[J]. 大学物理, 2022, 41(2): 1-6,57.

[8] 胡婷,孙颖. IPCC AR6 报告解读:人类活动对气候系统的影响[J]. 气候变化研究进展,2021,17(6):644-651.

[9] IPCC. Climate Change 2021: The Physical Science Basis[R]. Geneva: Intergovernmental Panel on Climate Change, 2021.

[10] IPCC. Climate Change 2022: Impacts, Adaptation and Vulnerability [R]. Geneva: Intergovernmental Panel on Climate Change, 2022.

[11] 联合国全球契约组织,波士顿咨询集团. 企业碳中和路径图[R/OL]. 纽约:联合国全球契约组织,2021.

[12] World Bank. State and Trends of Carbon Pricing 2020 [R/OL]. Washington, D. C.: World Bank, 2020.

[13] World Bank. State and Trends of Carbon Pricing 2023 [R/OL].

Washington，D. C.：World Bank，2023. https://openknowledge.worldbank.org/handle/10986/39796.

[14] 国际碳行动伙伴组织，世界银行，德国国际合作机构. 碳排放权交易实践手册：设计与实施(第二版)[R/OL]. (2021-4-21)[2023-12-14]. https://icapcarbonaction.com/zh/publications/tanpaifangquanjiaoyishijianshoucesheji yushishidierban.

[15] 于贵瑞，郝天象，朱剑兴. 中国碳达峰、碳中和行动方略之探讨[J]. 中国科学院院刊，2022，37(4)：423-434.

[16] 中国社会科学院数量经济与技术经济研究所“能源转型与能源安全研究”课题组. 中国能源转型：走向碳中和[M]. 北京：社会科学文献出版社，2021.

[17] 陈迎. 碳达峰、碳中和 100 问[M]. 北京：人民日报出版社，2021.

[18] 青年应对气候变化行动网络，世界大学气候变化联盟. 全球低碳校园案例汇编(2021 年修正版)[R/OL]. https://www.digitalelite.cn/h-nd-3591.html.

[19] 翁智雄，马中，刘婷婷. 碳中和目标下中国碳市场的现状、挑战与对策[J]. 环境保护，2021，49(16)：20-24.

[20] 王献红. 二氧化碳捕集和利用[M]. 北京：化学工业出版社，2016.